카페,
처음부터 제대로

카페, 처음부터 제대로

ⓒ 김남순, 2024

초판 1쇄 발행 2024년 10월 31일

지은이   김남순
펴낸이   이기봉
편집   좋은땅 편집팀
펴낸곳   도서출판 좋은땅
주소   서울특별시 마포구 양화로12길 26 지월드빌딩 (서교동 395-7)
전화   02)374-8616~7
팩스   02)374-8614
이메일   gworldbook@naver.com
홈페이지   www.g-world.co.kr

ISBN   979-11-388-3651-7 (03590)

카페,
처음부터
제대로

김남순 글·그림

Café, From Start to Success

좋은땅

프롤로그

　나는 강사 활동을 하면서 항상 나만의 예쁜 카페를 만드는 꿈을 꾸어 왔다. 그러던 중 코로나 팬데믹으로 수업이 중단되면서, 그동안 꿈꾸어 온 카페를 열 기회를 얻게 되었다. 카페에서 향긋한 커피를 내리며 손님을 맞이하고 수채화 수업과 커피 관련 수업을 진행한다는 것은 상상만으로도 설레고 즐거웠다.

　하지만 인테리어 공사를 시작하면서부터 두려움이 밀려왔다. 시장 조사를 제대로 하지 않은 채 급히 결정한 공간이다 보니 예상보다 큰 규모에 부담도 컸고 오픈 날짜가 다가옴에 따라 현장 경험이 없었던 터라 어떻게 감당해야 할지 막막했다. 나름대로 감각이 있다고 자신했지만 그것은 카페 오픈에 그렇게 도움이 되는 것은 아니었다. 당장 급한 것은 카페 메뉴와 손님 응대 등 실제적 운영의 기술이었다.

　나의 상상 속의 카페에서는 베니스의 플로리안 카페와 퀘벡 1960 카페에서 느꼈던 감동과 예술적 감각을 접목하고 싶었지만 그건 그 상황에서 중요한 것이 아니었다. 카페를 오픈했을 때 시급한 과제는 직원을 구하는 것부터 지역 사회에 맞는 메뉴 선정, 주차 문제 등 다양한 현실적인 것이었다. 당연히 힘들 수밖에 없었다.

카페, 처음부터 제대로

그래도 매일 고민하고 해결점을 찾아가면서, 카페는 점차 자리를 잡아갔다. 단골손님도 늘어나고 SNS 반응도 좋았다. 카페가 조금 안정이 되었을 때 그렇게 하고 싶었던 연주회도 진행하고 계절에 맞는 공간 디스플레이도 하고 메뉴도 조금씩 고객들의 반응을 살피며 변형시켜 나갔다. 내가 꿈꿔 왔던 예쁜 카페가 만들어지고 있었다. 아쉬운 건 시작할 때 더 많은 것을 알고 준비했더라면 얼마나 좋았을까 하는 것이다. 그런 아쉬움 때문에 내가 경험한 것 중, 카페를 시작하려는 분들이 꼭 알았으면 하는 내용을 담아 이 책을 쓰게 되었다. 조금이나마 도움이 되었으면 하는 마음을 담아 카페를 처음부터 제대로 운영하기 위한 실전적인 노하우와 팁을 담고자 하였다.

1장에서는 카페 창업의 기초 작업을 다루었다. 비즈니스 플랜의 중요성, 시장 조사와 목표 설정, 재정 계획의 필요성 등을 강조하며, 프랜차이즈와 개인 카페의 장단점 등을 비교해 보았다. 또한 대형 카페와 소형 카페, 권리금이 있는 곳과 빈 공간 등 다양한 선택지의 장단점을 분석하여 독자들이 자신의 카페 운영 스타일을 확립하는 데 필요한 내용도 담았다.

2장에서는 카페 운영의 핵심 요소를 설명했다. 카페 근무 경험의 중요성, 바리스타 교육과 서비스 교육의 가치, 최고의 인재를 찾고 육성하는 방법에 대한 부분이다.

3장에서는 카페의 첫인상을 결정짓는 공간 연출에 대한 것과 인테리어 디자인, 조명, 음악 등 다양한 요소들이 고객에게 긍정적인 첫인상을 주는 방법을 설명하며, 디자인 전문가의 조언과 감각적인 요소의 조화를 강조했다.

4장에서는 현대 카페 운영에서 소셜 미디어의 중요성을 다루었다. 인스타그램, 페이스북, 블로그 등 다양한 플랫폼을 활용해 팬층을 구축하고, 창의적인 이벤트와 프로모션으로 고객의 관심을 끌어내는 방법을 소개했다. SNS 활용의 최신 트렌드와 성공적인 협력 마케팅 전략도 제시했다.

5장에서는 메뉴 구성의 중요성과 트렌드에 맞춘 시그니처 메뉴 만들기에 관해 설명했다. 다양한 메뉴를 소개하며 고객의 취향을 만족시키는 방법과 메뉴 개발의 핵심 포인트를 설명했다.

6장에서는 고객 참여를 높이는 방법을 다루었다. 커피 테이스팅 이벤트와 같은 창의적인 방법으로 고객 참여를 유도하고, 고객 만족도를 높이는 비결을 파헤쳤다.

7장에서는 카페 운영의 경영 전략과 서비스 측면에서 클레임과 컴플레인 처리, 재정 관리, 비용 절감과 수익 극대화 등 효율적인 카페 운영을 위한 팁을 제공하며, 위기를 기회로 극복한 경험담도 담았다.

마지막 장인 8장에서는 카페 탐방을 통해 얻은 인사이트와 경험을 나누었다. 제주 앤트러사이트, 제주 블루보틀 등 특색 있는 카페를 소개하며 각 카페의 장점을 분석하고, 독자들에게 새로운 영감을 제공했다.

그것이 무엇이든, 첫 경험은 누구에게나 의미가 있고 소중하다. 인생에서 한 번만 찾아오는 첫 기회, 첫 카페. 여러분은 처음부터 제대로 준비하여 나보다 조금 덜 헤매고, 더 많은 기쁨을 누릴 수 있기를 기원한다.

2024. 5. 김남순

카페, 처음부터 제대로

목차

7장. 똑똑한 경영, 효율적인 카페 운영의 팁

8장. 나의 카페 탐방기

1장

성공을 설계하는 첫걸음

한 번쯤 품어 본 로망, 카페

카페 창업은 많은 이들에게 하나의 로망으로 자리 잡고 있다. 그 이유는 다양하지만, 무엇보다도 카페는 겉보기에 아름답고 매력적인 일터로 보인다. 나만의 작은 공간에서 향긋한 커피 향이 퍼지고, 고유의 분위기를 만들어 가는 상상을 하면 마음이 설레기 마련이다. 이런 카페 창업은 비교적 적은 초기 자본과 전문적인 기술 없이도 시작할 수 있을 것 같아서 더욱 매력적으로 다가온다. 더구나 카페는 단순히 커피를 파는 공간을 넘어, 나와 같은 커피 애호가들이 모여드는 사랑방 같은 역할을 한다. 내가 좋아하는 커피를 다른 사람들과 나누고, 방문하는 사람들과 소통하며 즐거운 시간을 보낼 수 있다는 생각도 카페 창업을 꿈꾸는 이들에게 큰 동기 부여가 되는 것 같다. 손님들이 커피 한 잔에 담긴 이야기를 나누며 미소를 지을 때, 그 순간은 카페 주인에게 무엇과도 비꿀 수 없는 기쁨을 준다.

카페 창업의 또 다른 매력은 초기 자본과 기술적 장벽이 비교적 낮다는 점이다. 규모에 따라 다르지만 다른 업종에 비해 비교적 소자본으로도 시작할 수 있으며, 커피를 만드는 기술을 익히고 고객 응대 등 기본적인 서비스 기술만 갖추면 운영이 가능하다. 이런 점들이 많은 사람이 큰 부담

없이 카페 창업에 도전하게 만든다. 또한 소규모로 시작해 점차 확장할 수 있는 것도 카페 창업의 큰 장점이다. 큰 리스크를 감수하지 않고 작은 공간에서 안정적으로 출발해 사업을 운영하면서 점진적인 성장이 가능하다.

　그러나 모든 로망이 그러하듯, 카페 창업도 시작하면 바로 현실적인 도전과 마주하게 된다. 주변에 많은 매장이 있고, 그들과의 경쟁에서 우위를 확보하기는 정말 쉽지 않다. 철저한 시장 조사와 차별화된 매장을 만들기 위한 노력과 꾸준한 개선도 필수적이다. 카페 창업은 단순히 커피를 파는 것을 넘어, 하나의 브랜드를 만드는 과정이다. 고객의 취향을 반영한 메뉴 개발, 트렌디한 인테리어, 그리고 무엇보다도 진심 어린 서비스는 성공적인 카페 운영을 위한 필수 요소들이다. 고객이 다시 찾고 싶은 카페를 만들기 위해서는 끊임없는 연구와 노력이 필요하다. 차별화된 매장을 만들기 위해서는 먼저 자신만의 독특한 콘셉트와 스토리를 찾아야 한다. 다른 카페와 차별화된 메뉴나 서비스를 제공함으로써 고객의 마음을 사로잡아야 한다. 예를 들어, 특별한 원두를 사용한 커피나, 직접 만든 디저트, 혹은 지역 사회와 연계한 이벤트 등을 통해 매장의 개성을 부각시킬 수 있다. 고객의 피드백을 적극적으로 수용하고, 그들의 요구에 맞춰 서비스를 개선해 나가는 과정은 카페 운영의 중요한 부분이다. 또한 최신 커피 트렌드를 따라가며 메뉴를 업데이트하고, 직원 교육을 통해 서비스의 질을 높이는 것도 중요한 요소이다. 이렇게 꾸준한 노력을 통해 고객과의 신뢰를 쌓아 나갈 수 있다.

　카페 창업은 누군가의 로망을 현실로 만들 수 있는 특별한 기회이다. 그러나 그 과정에서 마주하게 될 현실적인 도전을 이해하고 준비하는 것도 중요하다. 겉으로 보기엔 아름답고 매력적인 일터일지라도, 그 이면에는 많은 노력과 헌신이 필요하다. 그럼에도 불구하고, 커피를 사랑하고 사람들과의 소통을 즐기는 마음으로 도전한다면, 카페 창업은 분명 가치 있는 여정이 될 것이다.

카페, 처음부터 제대로

비즈니스 플랜 작성하기, 성공을 설계하는 첫걸음

사업주들이 흔히 하는 말 중 하나는 '천만 원을 계획하면 삼천만 원이 나간다.'라는 것이다. 이는 계획적이고 체계적으로 돈을 사용하더라도 예상치 못한 지출이 발생할 가능성이 높다는 의미다. 따라서 경제적 측면뿐 아니라 시간 관리까지 체계적으로 고려해야 한다. 특히 시간은 곧 돈이므로 얼마나 효율적으로 시간을 사용해 최대한의 이익을 낼 것인지가 핵심이다. 사업의 목적은 당연히 '수익 창출'이다. 아무리 좋은 장소와 훌륭한 인력을 갖추고 있더라도, 사업이 적자를 기록하면 지속 가능성은 위태로워진다. 완벽한 계획은 불가능하더라도 철저한 계획은 필수다.

카페 사업을 시작하기 위해서는 초기 자금을 명확히 계획해야 한다. 자금 조달 방법에는 자본금, 대출, 투자 유치 등이 있으며, 각각의 장단점을 신중히 고려해야 한다. 예상 수익과 지출을 구체적으로 계산하여 손익분기점을 파악하고, 이를 바탕으로 자금 흐름을 관리해야 한다.

비즈니스 플랜은 단순히 날짜별로 해야 할 일을 나열한 문서가 아니다. 사업의 비전을 구체화하고 목표를 명확히 해 자원을 효율적으로 배분하며 투자자를 설득하는 데 필요한 요소들을 포함해야 한다. 예를 들어, 프랜차이즈 카페와 개인 카페 중 어떤 형태가 자신에게 맞는지 판단하고,

이를 토대로 사업 방향을 설정하는 것이 매우 중요하다. 비즈니스 플랜을 수립할 때는 철저한 시장 조사가 선행되어야 한다. 목표 고객층, 경쟁사 분석, 시장 동향 등을 정확히 파악하여 사업의 방향성을 잡고 성공 가능성을 높여야 한다. 특정 지역의 커피 소비 패턴, 경쟁 카페의 강점과 약점, 소비자 트렌드 등을 분석해 나만의 차별화된 전략을 수립해야 한다.

운영 계획은 카페의 일상적인 운영을 구체적으로 계획하는 과정이다. 메뉴 구성, 인력 관리, 마케팅 전략, 서비스 표준 등을 세밀하게 계획하여 일관된 서비스 품질을 유지하고 고객 만족도를 높여야 한다.

비즈니스 플랜에는 잠재적 리스크를 식별하고 이를 관리하기 위한 대책도 포함되어야 한다. 커피 원자재의 가격 및 수급의 변동, 경제 불황, 경쟁사 출현 등 다양한 리스크 요인을 고려해 대체 공급망 확보, 비상 자금 마련, 신속한 대응 체계 구축 등의 전략을 마련할 필요가 있다. 또한, 사업 환경은 끊임없이 변화하므로 주기적으로 비즈니스 플랜을 검토하고 변화하는 시장 상황에 맞춰 업데이트해야 한다. 이를 통해 사업의 방향성을 지속적으로 조정하고 새로운 기회를 포착할 수 있다.

카페를 운영하는 사장으로서 필요한 지식을 습득하고, 창업 전에 실제로 카페에서 근무하며 현장 경험을 쌓는 것도 중요하다. 이러한 과정은 비즈니스 플랜에 현실적이고 구체적인 내용을 추가하는 데 큰 도움이 된다. 브랜딩과 마케팅 방법을 직접 수립하는 것도 중요하다. 소셜 미디어를 활용한 커뮤니티 구축, 창의적인 이벤트와 프로모션 기획을 통해 고객을 유치해야 한다. 위치 선정과 인테리어 디자인 역시 중요한 요소다. 최적의 입지를 선택하고, 공간의 첫인상을 결정짓는 인테리어 디자인, 음악, 조명, 향기를 활용한 분위기 창조는 곧 정체성을 나타낸다.

운영과 관리 측면에서는 직원 관리와 시행착오 극복, 긍정적인 직장 문화 조성, 고객의 마음을 사로잡는 메뉴 구성, 트렌드를 반영한 시그니처 메뉴 개발, 탁월한 고객 서비스 제공, 장기적인 고객 관계 유지 방법 등이 중요하다. 철지하고 체계적인 비즈니스 플랜은 카페 사업의 성공을 위한 필수 도구다. 이를 통해 사업의 목표와 방향을 명확히 하고, 자원을 효율적으로 관리하며, 잠재적 리스크에 대비할 수 있다. 철저한 계획과 준비는 성공적인 카페 운영의 핵심이다.

카페, 처음부터 제대로

시장 조사와 타깃 고객 분석하기

시장 조사와 타깃 고객 분석은 카페 창업에 있어 중요한 기초 작업이다. 이 과정은 시장의 현재 상황, 잠재 고객의 필요와 선호도, 경쟁업체의 강점과 약점을 파악하는 데 필수적이다. 철저하고 체계적인 시장 조사는 타깃 시장을 설정하고 맞춤형 마케팅 전략을 개발하는 데 큰 역할을 한다.

예를 들어, 서울의 한 대학가에 카페를 오픈하려는 창업자는 지역 인구 통계와 소비 패턴을 면밀히 조사했다. 조사 결과, 주 고객층이 18세에서 24세 사이의 대학생이며, 이들이 합리적인 가격의 커피와 조용한 공부 공간을 선호한다는 사실을 발견했다. 이를 바탕으로 학생 예산에 맞춘 가격 설정, 조용한 분위기, 무료 Wi-Fi를 제공하는 카페를 오픈한 결과, 이 카페는 지역 내에서 빠르게 인기를 얻었다.

다른 사례로는 애완동물을 키우는 사람들을 대상으로 한 테마 카페가 있다. 창업자는 해당 지역의 애완동물 가구 수를 조사하고, 애완동물과 함께 시간을 보낼 수 있는 카페에 대한 수요를 파악했다. 애완동물 친화적인 환경과 특별한 메뉴 및 이벤트를 제공한 결과, 이 카페는 애완동물 애호가들 사이에서 빠르게 입소문을 타며 자리 잡았다.

또 다른 사례로 한 사업자는 고급 커피에 대한 높은 수요와 공급 부족을 발견했다. 이에 따라, 세계 각국에서 공수한 고품질 커피콩을 사용하고, 균일한 품질 유지를 위해 바리스타 교육에 투자하며 커피의 퀄리티를 높이는 전략을 채택했다. 그 결과, 고품질 제품과 서비스로 카페는 고급 커피를 찾는 고객들 사이에서 인기 있는 목적지가 되었다.

이처럼 차별화된 매장을 성공시키기 위해서 시장 조사는 고객의 인구통계, 소비 패턴, 경쟁사 분석 등 다양한 요소를 포함해야 한다. 예를 들어, 50-60대 연령층이 대부분인 구시내에서 젊은 층을 겨냥한 감성 레트로 카페를 오픈한다면, 지역 특성과 고객층의 요구에 맞지 않아 어려움을 겪을 가능성이 높다. 타깃 고객의 필요와 선호를 정확히 이해하고, 이에 맞춘 전략을 수립해야 창업자는 경쟁이 치열한 시장에서 차별화된 위치를 확보할 수 있다.

카페, 처음부터 제대로

브랜드 정체성의 첫걸음, 네이밍

당신의 브랜드는 사람들이 당신이 방에 없을 때
당신에 대해 이야기하는 것이다.
Your brand is what people say about you
when you're not in the room.
- 제프 베조스(Jeff Bezos) -

　카페 이름은 단순한 상호명을 넘어, 첫인상과 브랜드 정체성을 형성하는 중요한 역할을 한다. 이름에는 카페의 정체성, 가치, 그리고 전달하고자 하는 메시지가 반영되어야 한다. 독창적이고 기억하기 쉬운 이름은 잠재 고객에게 강한 인상을 남기며, 이는 고객이 카페를 쉽게 찾아오고 재방문율을 높이는 데 기여한다. 이미 레드오션이 된 커피 시장에서 브랜드 네이밍은 중요한 차별화 요소다. 창의적인 이름은 경쟁사와의 차별화를 꾀하고, 고유한 브랜드 이미지를 구축하는 데 큰 역할을 한다. 이름 선택 시 명확성, 발음과 기억의 용이성, 브랜드와의 일치성, 법적 보호 여부, 도메인 이름의 사용 가능성 등을 고려해야 한다.

　브레인스토밍, 경쟁사 분석, 타깃 고객 조사, 문화적 요소 고려 등을 통해 창의적인 카페 이름을 개발할 수 있다. 이름은 카페의 특성을 반영하고 고객의 마음을 사로잡아야 한다. 카페 이름은 장기적인 브랜드 성장과 발전을 위한 토대가 되며, 고객이 카페와 상호 작용하는 모든 단계에서 강력한 브랜드 인식과 충성도를 구축하는 데 기여한다. 따라서 명칭을 결정하는 과정은 충분한 시간을 들여 연구해야 한다. 창업자는 카페 이름을 통해 전달하고자 하는 이야기와 가치를 고객에게 명확히 전달할 필요가 있다. 그래야 카페는 시장에서 독특한 위치를 확보하고, 대중에게 오랫동안 기억될 수 있다.

　예를 들어, '그린 오아시스'라는 이름의 카페는 도심 한가운데에서 자연 친화적인 분위기와 유기농 커피를 제공하고자 했다. 그러나 이름만 보고는 카페인지 정원 관련 업소인지 구분하기 어려웠다. 이로 인해 인지도가 부족하고 마케팅 메시지가 모호해졌으며, 소셜 미디어와 검색 엔진 최적화에서 카페와 관련된 키워드가 부족해 타깃 고객 도달에 어려움을 겪었다. 사업주는 카페의 정체성을 명확히 하기 위해 카페 이름과 마케팅 전략을 재정비하고, 커피와 관련된 키워드를 사용하여 온라인 존재감을 높였다. 결과적으로 카페의 정체성을 명확히 하고 고객 유입을 증가시킬 수 있었다.

반면, 서울 성수동의 '할아버지 공장' 카페는 독특한 이름으로 주목받고 있다. 이 이름은 과거의 향수를 불러일으키며 산업적인 느낌을 주고, 성수동의 빈티지하면서도 현대적인 분위기를 잘 반영하고 있다. 내부 인테리어 또한 공장의 느낌을 살리면서도 아늑하게 꾸며져 있다. 이와 같은 일관된 정체성은 고객들에게 강한 인상을 남긴다.

또한, 서울 강남구 압구정동의 '펠트커피'는 따뜻하고 부드러운 느낌을 주며, 카페가 제공하는 커피의 부드럽고 풍부한 맛을 잘 나타낸다. 이 이름은 고객에게 편안하고 친근한 이미지를 전달하고 있으며, 고품질의 원두와 세련된 인테리어로 많은 사랑을 받고 있다.

'프릴츠 커피 컴퍼니'는 독일어로 '평범한 사람'을 뜻하는 이름으로, 커피를 좋아하는 누구나 편하게 즐길 수 있는 공간을 의미한다. 높은 품질의 커피를 제공하며 독특한 캐릭터와 로고를 통해 브랜드 정체성을 강화하고 있다.

서울 성수동의 '어니언(Onion)'은 양파처럼 겹겹이 싸인 다양한 매력을 가진 공간이라는 의미를 담고 있다. 이 카페는 과거의 건물을 현대적으로 재해석한 공간으로, 넓고 트렌디한 분위기와 함께 커피와 베이커리 메뉴로 많은 인기를 끌고 있다.

이처럼 카페 이름은 단순한 식별 수단을 넘어, 그 공간의 분위기와 철학을 담아내는 중요한 요소임을 잘 보여 준다. 트렌디하고 기억에 남는 카페 이름은 성공적인 브랜드 구축의 첫걸음이다.

프랜차이즈 vs 개인 카페, 당신에게 꼭 맞는 선택은?

2024년 1월 기준, 우리나라에는 이미 10만 개가 넘는 카페가 존재하지만, 여전히 많은 이들이 카페 창업을 꿈꾸고 있다. 홈 카페에서 커피를 즐기며 소소한 행복을 누리던 이들은 커피에 대한 깊은 애정을 바탕으로 자신만의 카페를 운영하고자 한다. 다양한 직업을 가진 사람들은 추가 수익을 목적으로 투잡 형태로 카페 창업을 고려하기도 한다. 커피 분야에 큰 꿈을 품은 이들이나 커피 대회에서 수상한 경력을 가진 전문가들, 그리고 분위기 좋은 카페나 특별한 커피 맛에 영감을 받은 사람들 또한 자신만의 카페를 창업하고자 한다. 그렇다면 카페 창업을 고려할 때, 개인 카페와 프랜차이즈 카페 중 어떤 선택이 더 나을까? 개인 카페와 프랜차이즈 카페는 각각 고유한 특성과 장단점을 지니고 있다. 창업자의 목표, 자본, 운영 선호도에 따라 선택이 달라진다.

프랜차이즈 카페는 이미 시장에서 검증된 브랜드의 일부로, 그 브랜드의 이름, 운영 방식, 메뉴 등을 사용해 카페를 운영한다. 이 모델의 주요 장점은 브랜드 인지도가 높아 고객 유치가 쉽고, 운영, 교육, 마케팅 등 비즈니스의 모든 측면에서 검증된 시스템을 제공받을 수 있다는 것이다. 또한, 프랜차이즈 본사로부터 지속적인 교육, 운영 지원, 마케팅 자료 등을 제공받는다. 그러나 초기 비용과 로열티 부담이 크고, 본사의 정책과 시스템에 따라야 하므로 메뉴, 가격, 인테리어 등을 자유롭게 결정하기 어렵다는 단점이 있다.

반면, 개인 카페는 창업자가 독립적으로 운영하는 카페이다. 프랜차이즈와 달리 자신의 아이디어와 개성을 반영하여 비즈니스를 구축할 수 있다. 운영의 유연성이 높아 메뉴, 인테리어, 마케팅 방법 등 모든 결정을 자유롭게 할 수 있다. 개인적인 가치와 비전을 바탕으로 독특한 브랜드를 구축할 수 있다는 점도 큰 장점이다. 로열티나 기타 프랜차이즈 비용 없이 모든 수익이 직접적으로 창업자에게 귀속된다는 것도 장점이다. 그러나 시장에서 새로운 브랜드를 구축하고 인지도를 높이는 데 시간과 비용이 많이 들고, 검증된 시스템이나 본사 지원 없이 모든 것을 스스로 결정하고 실행해야 하므로 리스크가 크다. 제한된 자본과 자원으로 운영해야한다는 어려움도 있다.

프랜차이즈 카페와 개인 카페 중 어떤 모델이 더 적합한지는 창업자의 목표와 상황에 따라 다를 수 있다. 안정적인 시스템과 브랜드 인지도를 활용하고자 하는 창업자에게는 프랜차이즈 카페가 더 적합할 수 있다. 반대로 창의적인 아이디어를 실현하고 자신만의 브랜드를 구축하고자 하는 창업자에게는 개인 카페가 더 적합할 수 있다. 따라서 카페 창업을 고려하는 이들은 자신의 목표와 상황에 맞는 모델을 선택하는 것이 중요하다.

한국의 카페 시장은 프랜차이즈와 개인 카페 모두에서 성공적인 사례를 만들어 내며 급속히 성장하고 있다. 이들은 각자의 독특한 전략과 매력으로 소비자들의 마음을 사로잡고 있다. 최신 자료를 바탕으로 성공한 몇 가지 사례를 소개한다.

　'스타벅스'는 한국 시장에 진출한 이후 지속적인 성장세를 보이며 프리미엄 커피 문화를 선도하고 있다. 2023년 기준, 전국에 1,500개 이상의 매장을 운영하고 있으며, 매년 새로운 매장을 오픈하고 있다. 스타벅스의 성공 요인은 브랜드 파워와 일관된 품질 관리, 그리고 지역 특색을 반영한 메뉴 개발에 있다. 한국 전통 차를 현대적으로 재해석한 '유자 민트 티'나 '제주 말차 라테'는 현지 소비자들에게 큰 인기를 끌었다. 스타벅스는 디지털 혁신을 통해 모바일 주문과 결제를 활성화하며 편리한 고객 경험을 제공하고 있다.

　　　　　　　　　　　　　　　카페, 처음부터 제대로

'빽다방' 역시 한국에서 성공한 프랜차이즈 카페의 대표적인 사례이다. 빽다방은 저렴한 가격에 양질의 커피를 제공하는 전략으로 큰 인기를 얻었다. 특히 2020년 이후 코로나19 팬데믹 상황에서도 배달과 테이크아웃 서비스에 집중하여 매출을 유지하고 성장시켰다. 빽다방은 접근성 높은 가격대와 전국 어디서나 같은 맛과 품질을 제공하는 점이 강점으로 작용했다. 또한 소셜 미디어를 통한 활발한 마케팅과 이벤트로 젊은 층의 마음을 사로잡았다.

부산에 위치한 '모모스 커피'는 독특한 인테리어와 고품질 커피로 유명하다. 모모스 커피는 직접 로스팅한 원두를 사용해 스페셜티 원두의 장점을 극대화하였다. 특히 2019 월드 바리스타 챔피언 전주연 바리스타와 2021 월드 컵테이스터스 챔피언 추경하 바리스타가 공동 대표로 카페를 연 점이 주목할 만하다. 커피에 대한 탁월한 이해를 바탕으로 한국 스페셜티 시장을 선도하고 있다. 매장 내부는 화이트 톤으로 따뜻하고 아늑한 분위기로 꾸며져 있다. 모모스 커피는 다양한 커피 워크숍과 클래스를 운영하며 커피 애호가들을 위한 커뮤니티를 형성하고 있다. 고객과의 소통을 중시하는 경영 방침이 단골 고객을 확보하는 데 큰 역할을 했다.

카페 창업은 단순한 비즈니스가 아니라, 사람들의 일상에서 특별한 경험을 제공하고, 다양한 문화적, 사회적 역할을 수행하며, 경영자의 창의성과 전략적 사고를 발휘할 수 있는 무한한 가능성을 지닌 매력적인 사업이다. 카페는 사람들의 삶에 가치를 더하고, 소통과 교류의 장을 제공하며, 끊임없이 혁신을 추구하는 현대적 비즈니스의 한 축으로 자리 잡고 있다. 창업을 고려하는 이들은 자신의 목표와 상황에 맞는 모델을 신중하게 선택하여, 자신만의 특별한 카페를 만들어 가길 바란다.

카페, 처음부터 제대로

권리금 있는 곳 vs 빈 곳, 어떤 선택이 더 유리할까?

카페 경영에서 권리금을 주고 인수하는 것과 빈 가게에서 시작하는 것은 각각 장단점이 있다. 권리금을 주고 인수하는 경우, 기존의 고객층과 매장 시설, 인테리어 등을 그대로 활용할 수 있어 초기 준비 과정이 간편하다. 이미 운영 중인 카페를 인수하면 매장 운영 시스템과 직원들이 어느 정도 자리 잡고 있어 즉시 영업을 시작할 수 있다. 또한 기존 고객층을 유지하고 빠르게 매출을 올릴 가능성이 크다.

인기 있는 상권에 위치한 카페를 인수할 경우 이미 그 지역에서 인지도를 쌓은 상태이므로 마케팅에 드는 시간과 비용을 절약할 수 있다. 그러나 주의할 점도 많다. 먼저 기존 카페의 경영 상태와 매출을 철저히 검토해야 한다. 겉으로는 괜찮아 보이지만 실제로는 재정적으로 어려운 상태일 수 있기 때문이다. 인수 전 실사를 통해 재무제표, 매출 현황, 임대 조건 등을 꼼꼼히 살펴보고, 필요시 전문가의 도움을 받는 것이 중요하다. 또한 기존 고객층이 새로운 경영진에 잘 적응할 수 있도록 변화 관리를 신중하게 해야 한다. 지나치게 급격한 변화는 기존 고객의 이탈을 초래할 수 있다.

빈 가게에서 시작하는 카페 창업은 자유롭고 창의적인 브랜드 구축의 기회를 제공하지만, 동시에 많은 도전 과제를 동반한다. 이 과정에서 인테리어부터 메뉴 개발, 마케팅 전략 수립까지 모든 부분을 자신만의 방식으로 설계할 수 있는 장점이 있다. 이는 독창적인 브랜드 아이덴티티를 확립하는 데 유리하며, 목표 고객층에 맞춘 차별화된 경험을 제공할 수 있는 기회를 준다.

그러나 빈 가게에서 시작하는 것은 상당한 준비가 필요하다. 가장 중요한 요소의 하나는 상권 분석이다. 유동 인구, 경쟁업체, 잠재 고객층 등을 철저히 조사하여 적합한 입지를 선정하는 것이 필수적이다. 또한, 매장의 인테리어와 설비를 새롭게 구성해야 하므로 이를 위한 자금 조달 계획과 비즈니스 플랜을 면밀히 세워야 한다.

반대로, 권리금을 주고 기존 카페를 인수하는 방식은 이미 구축된 고객층과 시설을 활용하여 신속하게 시작할 수 있다는 이점이 있다. 기존에 운영되던 시스템과 인프라를 그대로 사용하면서 사업을 전개할 수 있으므로 초기 리스크가 상대적으로 낮을 수 있다. 다만, 기존 브랜드의 이미지나 시설이 본인의 계획과 맞지 않을 때는 조정이나 재정비가 필요할 수 있다.

결론적으로, 두 가지 방식 모두 철저한 준비와 계획이 필요하다. 독창적인 브랜드를 원한다면 빈 기게에서 시작하는 것이 더 적합할 수 있으며, 빠른 시작과 안정성을 원한다면 권리금을 주고 인수하는 것이 유리할 수 있다. 무엇보다도 자신의 목표와 상황에 맞는 전략을 선택하는 것이 중요하다. 성공적인 카페 운영을 위해서는 창의적인 접근과 함께 시장 조사를 철저히 해야 한다.

카페, 처음부터 제대로

대형 카페 VS 소형 카페, 각각의 매력을 알아보자

대형 카페는 일반적으로 100평 이상 또는 50석 이상의 좌석을 보유한 매장을 의미하며, 넓은 실내 공간과 다양한 좌석 배치를 통해 여러 유형의 고객을 동시에 수용할 수 있다. 대형 테이블, 개별 좌석, 소파, 바 좌석 등 다양한 좌석 옵션을 제공하며, 넓은 공간을 활용해 이벤트나 워크숍을 개최하기에도 적합하다. 대형 카페는 고급스러운 인테리어와 다양한 메뉴 옵션을 통해 프리미엄 경험을 제공하는 것을 목표로 하며, 주로 도심의 주요 상권이나 교통이 편리한 지역에 위치한다. 이들은 커피뿐만 아니라 식사 대용 메뉴, 디저트, 다양한 음료 등을 제공하며, 고객들이 오랜 시간 머물 수 있는 환경을 조성한다. 대형 카페의 장점은 높은 수용력과 다양한 서비스 제공이 가능하다는 점이다. 많은 고객을 동시에 수용할 수 있어 매출 증가의 기회가 많으며, 다양한 이벤트와 프로그램을 통해 고객 참여를 유도할 수 있다. 그러나 높은 초기 투자 비용과 운영 비용은 큰 부담이 될 수 있다. 넓은 공간을 유지하기 위한 임대료, 인테리어 비용, 인력 비용 등이 상당히 높아 재정적 부담이 크며, 넓은 공간을 효과적으로 관리하고 운영하는 것은 상당한 경험과 노하우가 필요하다.

반면 소형 카페는 보통 50평 이하 또는 20석 이하의 좌석을 갖춘 매장을 의미하며, 제한된 공간을 효율적으로 활용하여 아늑하고 개인적인 분위기를 조성한다. 주로 주거 지역이나 골목 상권에 위치하며, 간단한 커피 메뉴와 디저트를 중심으로 한다. 대부분 주인이 직접 운영하기에 고객들과의 친밀한 관계를 형성하기 쉽다. 소형 카페의 장점은 낮은 초기 투자 비용과 운영 비용이다. 작은 공간은 임대료와 유지 비용이 적게 들기 때문에 재정적 부담이 덜하며, 주인이 직접 관리하기 쉽다. 아늑한 분위기와 개인적인 서비스는 고객 만족도를 높이고 단골 고객을 확보하는 데 유리하다. 그러나 소형 카페는 공간의 제약으로 인해 수용할 수 있는 고객 수가 제한적이다. 이는 매출 증가에 한계를 초래할 수 있으며, 피크 타임에는 고객들이 자리를 찾기 어려워 불편을 느낄 수 있다. 또한 대형 카페와 같은 다양한 서비스와 이벤트를 제공하기 어렵기 때문에 커뮤니티 허브의 역할은 제한적일 수 있다. 소형 카페는 개성과 독창성을 강조한 인테리어와 메뉴로 고객을 유인해야 하며, 고객 맞춤형 서비스를 통해 충성도를 높여야 한다.

대형 카페와 소형 카페는 각각의 특성과 장단점을 통해 서로 다른 운영 전략을 취할 수 있다. 대형 카페는 넓은 공간과 다양한 서비스를 제공하는 반면, 소형 카페는 아늑한 분위기와 개인적인 서비스를 강조한다. 각자의 비즈니스 모델과 목표에 맞는 전략을 통해 성공적인 카페 운영을 이룰 수 있으며, 최근 트렌드를 반영한 창의적인 접근이 필요하다. 이러한 접근은 대형 카페와 소형 카페 모두가 고객들에게 사랑받는 특별한 공간으로 자리 잡는 데 큰 도움이 될 것이다.

최적의 위치를 찾아라, 지역별 특성 분석하기

카페의 위치 선정은 단순한 공간 선택을 넘어서 브랜드 정체성과 고객층, 장기적인 비즈니스 전략을 고려한 중요한 결정 과정이다. 수도권 밀집 현상에도 불구하고 카페는 대도시, 중소도시, 시골 지역에서 각기 다른 접근 방식으로 운영된다.

대도시에서는 높은 유동 인구가 잠재적인 고객 기반을 제공한다. 주요 교통 허브, 상업 중심지, 대학교 근처와 같은 사람들이 많이 오가는 지역이 이상적이다. 경쟁이 치열한 대도시에서는 독특한 콘셉트와 차별화된 서비스를 통해 경쟁업체와 명확한 차별화를 해야 한다. 따라서 위치를 선정하기 전에 경쟁 카페의 분포와 특성을 면밀히 분석하는 것이 필수적이다.

중소도시에서는 지역 커뮤니티와의 밀접한 연결이 성공의 열쇠다. 공원, 도서관, 시장 근처와 같은 지역 주민들이 자주 찾는 커뮤니티 중심지에 위치하는 것이 유리하다. 또한 중소도시의 문화와 특성을 반영한 카페 운영이 고객의 마음을 사로잡을 수 있다. 예를 들어, 지역 특산품을 활용한 메뉴 개발이나 지역 문화를 테마로 한 인테리어 디자인은 고객들에게 큰 호응을 받을 수 있다.

소도시의 카페는 주변의 자연경관을 최대한 활용할 수 있는 위치가 매력적이다. 아름다운 풍경은 고객에게 특별한 경험을 제공하며, SNS를 통한 입소문 효과도 기대할 수 있다. 시골 카페는 목적지로서의 매력이 중요하다. 독특한 콘셉트나 특별한 메뉴, 체험 활동 등을 제공하여 사람들이 멀리서도 찾아올 만한 이유를 만들어야 한다.

각 지역의 특성을 깊이 이해하고, 카페가 차지할 수 있는 최적의 위치를 섬세하게 선택하는 것이 중요하다. 대도시의 활기찬 분위기, 중소도시의 커뮤니티 중심성, 시골 지역의 자연적 매력 등 각 지역의 독특한 특성을 카페의 장점으로 삼는다면 재방문을 유도하고 고객들에게 잊을 수 없는 경험을 제공할 수 있다.

또한, 자동차 이용 비율이 높은 중소도시와 소도시에서는 충분한 주차 공간 확보가 중요하다. 주차 공간의 유무는 고객이 카페를 선택하는 데 중요한 요소가 될 수 있으며, 특히 가족 단위 방문객이나 장애인 고객의 접근성을 고려하는 것이 필요하다.

카페의 위치 선정은 카페가 제공하고자 하는 가치와 경험을 최적화할 방법을 모색하는 과정이다. 각 지역의 사회적, 경제적, 문화적 환경을 고려하여 카페가 지역 사회 내에서 중요한 역할을 할 수 있도록 위치를 선정하는 것이 지속 가능한 성장을 위한 기반이 된다.

2장

꿈의 공간을 현실로 만드는 방법

공간을 통해 아이덴티티를 구현하는 법

카페는 단순히 커피를 판매하는 공간을 넘어 다양한 경험을 제공하는 장소로 발전하고 있다. 트렌디한 인테리어와 독특한 메뉴 구성, 소셜 미디어를 활용한 마케팅 전략은 카페를 문화와 라이프스타일을 제안하는 공간으로 변모시킨다. 예를 들어, '할아버지 공장'이나 '어니언'과 같은 카페는 독특한 스토리텔링을 통해 강한 인상을 남기며, 이를 통해 강력한 브랜드 아이덴티티를 형성한다. 이러한 접근은 단순히 제품 판매에 그치지 않고 고객과의 정서적 연결을 강화해 충성도 높은 고객층을 만드는 데 중요한 역할을 한다.

이런 아이덴티티 형성에는 창업자의 리더십과 비즈니스 전략이 결합한 복합적인 경영 능력이 필요하다. 매장 운영, 메뉴 개발, 직원 관리, 마케팅, 재정 관리 등 다양한 측면에서 경영자의 리더십과 비전이 필수적이다. 특히, 지속 가능한 경영 방식을 도입해 로컬 커피 소싱과 공정 무역을 실천하는 것도 중요하다. 이는 노동자의 인권과 환경 오염 문제와 직결되어 있으며, 긍정적인 브랜드 이미지를 구축하는 데 크게 기여한다. 이러한 지속 가능성은 단순히 환경 보호를 넘어 사회적 책임을 다하는 기업으로서의 신뢰를 쌓는 데 중요한 요소가 된다.

우리나라의 이름난 '잘나가는 카페'들은 끊임없이 변화하는 트렌드를 반영하며, 혁신적인 아이디어와 기술을 도입해 성장하고 있다. 스마트 오더 시스템을 도입하여 고객 편의를 극대화하거나, 친환경 포장재를 사용해 지속 가능성을 추구하는 등의 노력은 현대 소비자들의 니즈를 충족시키며 경쟁력을 키운다. 이처럼 카페 경영은 전통적인 비즈니스 모델에 현대적 감각과 혁신을 더해 끊임없이 발전하고 변화하는 매력적인 사업 분야라 할 수 있다.

결국 카페 경영의 매력은 사람들의 일상에 특별한 경험을 제공하고, 다양한 문화적, 사회적 역할을 수행하며 경영자의 창의성과 전략적 사고를 발휘할 수 있는 무한한 가능성을 지닌다는 데 있다. 카페는 단순히 커피를 파는 곳이 아니라, 사람들의 삶에 가치를 더하고 소통과 교류의 장을 제공하며 끊임없이 혁신을 추구하는 현대적 비즈니스의 한 축으로 자리잡고 있다.

카페 운영의 핵심 학습법

공부는 우리의 마음을 넓히고, 우리의 시야를 확장시킨다.

Study widens our minds and expands our horizons.

- 마리아 몬테소리(Maria Montessori) -

카페 창업을 포함한 모든 분야에서 지속적인 학습은 성공의 필수 조건
이다. 단순히 노력하는 것에 그치지 않고, 변화하는 시장 환경과 고객의
요구에 적응하고 혁신하는 과정이 필요하다. 이러한 목표를 달성하기 위
해 현장 중심의 실질적인 학습이 필요하다.

첫째, 커피 지식의 습득이 중요하다. 원두의 특성, 센서리, 로스팅 등 기
본적인 커피 지식을 갖추는 것은 필수적이다. 커피 맛이 경쟁력에 직결되
므로, 이 기본을 제대로 이해하지 못하면 성공하기 어렵다. 한국에는 많
은 바리스타 교육 학원이 있으며, 커피에 대한 기초 지식이 부족하다면
먼저 학원에 등록하는 것이 좋다. 센서리 교육을 통해 커피 맛을 파악하
는 능력을 기르는 것도 중요하며, 이는 전문적이고 체계화된 커피 교육
기관에서 배우는 것이 바람직하다.

둘째, 경영 및 마케팅 노하우를 익혀야 한다. 카페 운영자는 기본적인

경영 원칙을 이해하고, 효율적인 마케팅 전략을 수립할 수 있어야 한다. 온라인 마케팅과 소셜 미디어 활용 방법, 고객 서비스 기술 등을 배우고 최신 마케팅 트렌드를 반영한 실질적인 전략을 세우는 것이 중요하다.

셋째, 재무 관리 능력을 갖추어야 한다. 커피를 잘 추출하는 것만으로는 카페 운영이 성공하지 않는다. 비용 관리, 수익 분석, 예산 설정 등 재무적인 부분을 정확하게 이해하고 관리할 수 있어야 한다. 예를 들어, '센터커피'의 박상호 바리스타는 카페 오픈 초창기에 재무 관리 부족으로 많은 시행착오를 겪었다고 한다.

넷째, 고객과의 소통 능력을 향상시켜야 한다. 고객 불만을 효과적으로 처리하고 긍정적인 경험을 제공하는 방법을 배우는 것이 중요하다. 고객과의 원활한 소통은 카페의 성공에 큰 영향을 미친다.

다섯째, 지속적인 자기 계발과 최신 트렌드 파악이 필요하다. 커피 시장은 빠르게 변화하므로 최신 트렌드를 파악하고 이에 맞춰 변화를 추구하는 것이 중요하다. 정기적으로 커피 관련 서적을 읽고, 업계 뉴스와 트렌드를 팔로우하며, 다양한 카페를 방문해 벤치마킹하는 것도 필요하다. 업계 전문가들과의 네트워킹을 통해 최신 정보를 교환하고 새로운 아이디어를 얻는 것도 도움이 된다.

마지막으로, 직원 교육 및 관리도 중요하다. 직원들이 자신의 역할을 잘 이해하고 팀워크를 발휘할 수 있도록 지속적인 교육과 지원을 제공해야 한다. 정기적인 직원회의와 워크숍을 통해 직원들의 의견을 경청하고 개선점을 반영하는 문화를 조성하는 것이 필요하다. 다만, 이는 카페가 일정 규모로 성장한 후에 고려할 사항이다.

성공적인 카페 운영을 위해서는 커피 지식, 경영 및 마케팅 전략, 재무 관리, 고객 서비스와 커뮤니케이션 기술 등을 체계적으로 배우고, 최신 트렌드를 지속적으로 파악하며 자기 계발에 힘쓰는 것이 필요하다. 이러한 노력이 결실을 맺을 때, 카페는 단순한 커피숍을 넘어 고객에게 사랑받는 특별한 공간으로 자리 잡을 수 있을 것이다.

카페, 처음부터 제대로

카페 근무 경험, 현장 경험이 주는 놀라운 가치

강사 활동을 하며 카페에 대한 로망을 품고 있던 나는 커피 관련 자격증과 매장 디스플레이어로서의 경험을 갖추고 있었기에 자신감을 가졌었다. 그러나 매장에서 직접 손님을 응대하고 재료의 매출 및 매입을 관리하는 실무 경험이 부족해 큰 어려움을 겪었다.

카페 근무 경험은 실제 카페 운영의 모든 측면을 경험할 수 있는 기회를 제공한다. 바리스타 기술 습득, 고객 서비스, 재고 관리, 팀 운영 등 다양한 역량을 개발할 수 있으며, 고객과의 직접 소통을 통해 고객의 니즈와 선호를 이해하고 탁월한 고객 서비스를 제공하는 데 필요한 가치를 배울 수 있다. 또한, 카페 근무는 재무 관리, 마케팅, 직원 관리 등 카페 경영의 여러 측면을 이해하는 데 큰 도움이 된다. 실제 업무를 통해 얻는 경험은 이론적 지식보다 실질적인 가치를 제공한다.

일상적으로 발생할 수 있는 주문 오류, 기기 고장 대처, 고객 불만 관리 등의 상황을 경험하는 것은 문제 해결 능력을 향상시키며, 이러한 경험은 창업자가 카페를 운영하면서 마주칠 수 있는 도전을 극복하는 데 도움이 된다. 따라서 카페에서의 근무 경험은 카페 창업을 위한 중요한 투자로, 실무 지식과 통찰력을 얻는 데 필수적이다. 이 경험은 창업자가 자신의 비전을 현실로 전환하는 데 필요한 견고한 기반을 마련해 준다. 창업을 꿈꾸는 이들에게 카페 근무 경험은 선택이 아닌 필수적인 단계로 인식되어야 한다.

카페, 처음부터 제대로

교육과 현장에서 배우는 카페 경영

카페 경영을 학문적으로 배우는 것과 실제 현장에서 경험하는 것은 상당한 차이가 있다. 교육을 통해서 경영 이론, 마케팅 전략, 재무 관리, 인적 자원 관리 등의 체계적인 지식을 습득할 수 있다. 이러한 교육 과정은 카페 운영의 기본적인 틀을 이해하고, 효율적인 경영 전략을 세우는 데 큰 도움이 된다. 예를 들어, 고객 분석을 통해 타깃 마케팅을 실시하거나, 매출과 비용을 분석하여 재정 건전성을 유지하는 방법 등을 배울 수 있다.

이러한 이론적 지식은 카페 경영의 기초를 다지는 데 유용하지만 실제 현장에서의 카페 경영은 이론적 지식만으로는 해결되지 않는 다양한 도전과 상황에 직면하게 된다. 현장에서는 매일매일 변하는 고객의 요구와 기대를 충족시키기 위해 빠르게 대응해야 한다. 예를 들어, 예상치 못한 고객 불만이나 긴급한 재고 문제를 즉각적으로 해결하는 능력이 필요하다. 또한, 직원들과의 원활한 소통과 협업, 고객과의 친밀한 관계 형성 등은 현장에서 직접 경험하며 체득해야 하는 부분이다.

현장에서는 또한 갑작스러운 문제 해결 능력과 유연한 사고가 중요하다. 기계 고장이나 예기치 못한 인력 문제 등 다양한 상황에서 신속하고 효율적으로 대처해야 한다. 이러한 경험은 현장에서만 얻을 수 있는 귀중한 교훈을 제공하며, 이를 통해 경영자는 더욱 능숙하고 유능한 리더로 성장할 수 있다.

교육과 현장의 조화는 성공적인 카페 경영의 열쇠이다. 교육을 통해 습득한 이론적 지식과 현장에서 얻은 실무 경험을 융합하여, 보다 전략적이고 효율적인 경영을 실현할 수 있다. 이는 카페가 지속적으로 성장하고 발전하는 데 필수적인 요소이다. 이론과 실무를 균형 있게 결합하는 노력이 필요하며, 이를 통해 카페는 더욱 탄탄한 경영 기반을 구축할 수 있다.

결론적으로, 교육에서 배운 카페 경영 이론과 현장에서의 실제 경험은 상호 보완적이다. 이론적 지식은 경영의 기초를 제공하고, 현장 경험은 실질적인 문제 해결 능력을 강화한다. 두 요소의 조화를 통해 카페는 고객에게 최고의 경험을 제공하고, 지속 가능한 성공을 이룰 수 있을 것이다.

카페, 처음부터 제대로

최고의 인재 찾기, 서비스 마인드를 갖춘 직원 선발법

"일 잘하는 직원 한 명이 열 명의 일을 한다."라는 말처럼, 카페 운영의
성공은 효과적인 직원 선발과 관리에 크게 의존한다. 카페의 특성에 따라
직원의 연령대, 능력, 소양은 운영에 득이 될 수도 있고 실이 될 수도 있
다. 예를 들어, 대학가의 카페에서는 경력이 많은 직원이 유리할 수 있지
만, 직원들 간에 연령대가 크게 차이 나면 서로 괴리감이 발생할 수 있다.
반면, 직원이 디자인, 기획, SNS 활동 등 다양한 능력을 갖추고 있다면 이
는 큰 자산이 된다. 올바른 직원을 채용하면 운영 효율성이 높아지고, 고
객 서비스의 질이 향상되며, 매장 분위기도 긍정적으로 변한다. 최근 트
렌드를 반영하여, 직원 선발에 필요한 실질적인 내용을 살펴보자.

채용 공고는 카페의 첫인상을 좌우하는 중요한 문서다. 요구 사항과 업
무 내용을 나열하는 것에 그치지 않고, 카페의 비전과 문화를 담아내야
한다. 예를 들어, "저희 카페는 고객에게 따뜻한 커피와 함께 특별한 경험
을 제공하는 것을 목표로 합니다. 활기차고 창의적인 팀의 일원이 되어

함께 성장할 인재를 찾고 있습니다."와 같은 문구를 포함하면 좋다. 전통적인 구인 사이트 외에도 소셜 미디어, 커피 관련 포럼, 학교 커뮤니티 등을 활용하여 채용 공고를 널리 알리는 것이 중요하다. 인스타그램, 페이스북, 링크드인 등을 통해 카페의 일상과 문화를 보여 주면서 채용 공고를 게시하면, 더 많은 지원자들의 관심을 끌 수 있다.

카페, 처음부터 제대로

채용 시에는 지원자의 경력, 기술, 성격 등을 평가하는 기준을 명확히 설정해야 한다. 특히, 서비스 마인드와 팀워크 능력을 중점적으로 평가할 필요가 있다. 면접 과정에서 지원자의 고객 서비스 경험과 문제 해결 능력을 구체적으로 물어보는 것이 좋다. 예를 들어, "어려운 고객을 대할 때 어떻게 대응하셨나요?"와 같은 질문을 통해 지원자의 서비스 마인드를 확인할 수 있다. 단순한 면접만으로는 지원자의 실무 능력을 완전히 파악하기 어려울 수 있다. 짧은 바리스타 테스트나 상황 시뮬레이션을 통해 지원자의 실력을 직접 확인하는 것이 중요하다. 이는 지원자가 실제로 카페에서 일을 할 때의 모습을 미리 볼 수 있는 좋은 기회가 된다.

기술과 경험도 중요하지만, 카페의 문화와 잘 맞는 인재를 선발하는 것이 장기적으로 더 큰 도움이 된다. 카페의 가치와 비전에 공감하고, 팀과 원활하게 소통할 수 있는 인재를 찾는 것이 중요하다. 면접 과정에서 카페의 문화와 기대하는 바를 충분히 설명하고, 지원자의 반응을 살펴보는 것이 좋다. 온보딩(Onboarding) 프로그램은 회사라는 배에 새로 올라탄 분들이 회사와 업무에 빠르게 적응할 수 있도록 돕는 과정이다. 이 프로그램을 통해 신입사원이 회사의 문화, 정책, 절차, 역할과 책임을 이해하고, 팀과 원활하게 협력할 수 있도록 지원한다. 온보딩 과정에서는 카페의 비전, 고객 서비스 표준, 메뉴와 커피 제조 과정 등을 교육하며, 기존 직원과의 팀 빌딩 시간을 갖는 것도 중요하다. 지속적인 교육과 피드백도 중요하다. 직원들이 지속적으로 성장하고 발전할 수 있도록 정기적인 교육과 피드백 세션을 마련해야 한다. 이를 통해 직원들은 자신의 강점과 약점을 파악하고, 더 나은 서비스를 제공하기 위해 노력할 수 있다. 정기적인 피드백을 통해 직원들의 의견을 경청하고, 이를 반영하는 문화를 조성하면 직원들의 만족도와 충성도가 높아진다.

성공적인 직원 선발을 위해서는 매력적인 채용 공고 작성, 다양한 채널을 통한 홍보, 명확한 평가 기준 설정, 실무 능력 테스트, 카페 문화와의 적합성 평가, 포괄적인 온보딩 프로그램 제공, 그리고 지속적인 교육과 피드백이 필수적이다. 이러한 과정을 통해 카페는 우수한 인재를 확보하고, 더욱더 효율적이고 즐거운 운영을 할 수 있을 것이다.

직원을 키워라, 지속적인 트레이닝과 동기 부여 방법

직원들이 전문성과 서비스 마인드를 갖추도록 체계적으로 교육하는 것은 고객 만족도를 높이고, 카페의 브랜드 이미지를 강화하는 데 큰 도움이 된다. 최근 트렌드를 반영하여 직원 교육에 필요한 실질적인 내용을 살펴보자.

첫 번째로, 바리스타 교육은 기본 중의 기본이다. 커피의 맛과 품질은 고객의 만족도에 직접적인 영향을 미치기 때문에, 직원들이 커피의 기원, 원두의 종류, 로스팅 과정, 추출 방법 등에 대한 깊은 이해를 갖추도록 해야 한다. 한국커피협회와 같은 전문 교육 기관에서 제공하는 바리스타 자격증 과정을 통해 체계적인 교육을 받을 수 있으며, 새로운 레시피와 기법을 지속적으로 소개하여 직원들이 끊임없이 발전할 수 있도록 지원해야 한다.

두 번째로, 고객 서비스 교육은 필수적이다. 카페에서 일하는 직원들은 단순히 커피를 제공하는 것을 넘어서, 고객과의 소통을 통해 특별한 경험을 제공해야 한다. 이를 위해 고객 응대 기술, 문제 해결 능력, 감정 관리 등을 교육해야 한다. '문제를 해결하는 긍정적인 접근법'이나 '고객 불만 처리 방법'과 같은 주제를 다루는 워크숍을 정기적으로 개최하고, 롤플레잉을 통해 다양한 상황을 연습함으로써 실제 현장에서 발생할 수 있는 문제에 대비할 수 있다.

세 번째로, 카페 운영 및 관리 교육이 필요하다. 직원들이 카페 운영의 전반적인 흐름을 이해하고, 효율적으로 일할 수 있도록 매장 관리, 재고 관리, 위생 관리 등에 대한 교육을 실시해야 한다. 특히, 식품 위생과 안전은 고객의 건강과 직결되기 때문에, 철저한 위생 교육이 필수적이다. 또한, 매장의 청결 상태를 유지하는 방법과 장비 관리 요령 등을 교육하여 직원들이 주도적으로 매장을 관리할 수 있도록 해야 한다.

네 번째로, 디지털 기술 활용 교육을 강화해야 한다. 디지털 시대에 맞춰, 직원들이 POS 시스템, 모바일 결제, 온라인 주문 시스템 등을 능숙하게 다룰 수 있도록 교육하는 것이 필요하다. 이는 고객들에게 더욱 편리한 서비스를 제공하고, 매장의 운영 효율성을 높이는 데 큰 도움이 된다. POS 시스템 사용법에 대한 상세한 교육을 실시하고, 새로운 디지털 도구가 도입될 때마다 직원들에게 충분한 시간을 두고 학습할 수 있는 기회를 제공해야 한다.

다섯 번째로, 팀워크와 커뮤니케이션 교육이 중요하다. 카페는 팀으로 운영되는 공간이기 때문에, 직원들 간의 원활한 소통과 협력이 필수적이다. 이를 위해 정기적인 팀 빌딩 활동과 커뮤니케이션 워크숍을 개최할 수 있다. 예를 들어, 팀 프로젝트를 통해 협력과 소통을 연습하거나, 다양한 의사소통 기법을 배우는 시간을 가질 수 있다. 이러한 교육을 통해 직원들은 서로의 역할을 이해하고, 효율적으로 협력할 수 있게 된다.

마지막으로, 직원 피드백과 성과 관리 시스템을 구축해야 한다. 직원들이 자신의 업무 성과에 대한 피드백을 받고, 이를 바탕으로 성장할 수 있도록 지원하는 것이 중요하다. 정기적인 피드백 세션을 통해 직원들의 강점과 개선점을 논의하고, 발전 방향을 제시할 수 있다. 성과에 따른 보상 시스템을 도입하여 직원들의 동기 부여를 높이고, 이를 통해 직원들이 자부심을 가지고 더욱 열정적으로 일할 수 있게 만든다.

이처럼 성공적인 직원 교육을 위해서는 바리스타 교육, 고객 서비스 교육, 카페 운영 및 관리 교육, 디지털 기술 활용 교육, 팀워크와 커뮤니케이션 교육, 그리고 직원 피드백과 성과 관리 시스템이 필수적이다. 체계적이고 지속적인 교육을 통해 직원들의 역량을 강화하고, 이를 통해 고객에게 최고의 경험을 제공할 수 있다. 이러한 노력이 결실을 맺을 때, 카페는 단순한 커피숍을 넘어 고객들에게 사랑받는 특별한 공간으로 자리 잡을 수 있을 것이다.

3장

첫인상을 결정짓는
공간 연출의 비밀

무엇이 카페의 첫인상을 좌우하는가?

고객들에게 첫인상을 결정짓는 요소는 내부 인테리어만이 아니다. 주변 환경, 외관 디자인, 내부 레이아웃, 인테리어 스타일, 조명, 음악과 향기, 청결 상태, 그리고 서비스 모두가 중요하다. 따라서 카페 오픈을 준비할 때 다음과 같은 것을 잘 고려해야 한다.

첫 번째, 카페 주변 환경이다. 고객들은 카페의 외부 환경을 보고 방문 여부를 결정할 수 있다. 주위가 부적합하거나 후줄근하면 고객들에게 좋지 않은 인상을 줄 수 있다. 주변 환경이 깔끔하고 매력적일수록 고객의 방문을 유도할 수 있다. 예를 들어, 녹음이 우거진 거리나 매력적인 상점들이 줄지어 있는 곳에 위치한 카페는 고객에게 편안함과 신뢰감을 줄 수 있다.

두 번째, 외관 디자인이다. 카페의 외관은 지나가는 사람들의 시선을 끌고 방문 의사를 결정하는 데 중요한 역할을 한다. 매력적인 간판, 창문 디자인, 외부 조명 등이 조화를 이루어야 하며, 독특하고 창의적인 외관은 카페의 개성을 드러내며 첫 방문을 유도하는 데 도움이 된다. 카페의 외관이 인스타그램에 올리기 좋은 포토 스폿이라면, 이는 자연스럽게 홍보 효과를 가져오기도 한다.

세 번째, 내부 레이아웃이다. 카페 내부의 레이아웃은 고객의 동선과 편안함을 고려해 설계되어야 한다. 좌석 배치는 고객이 편안하게 앉아 시간을 보낼 수 있도록 해야 하며, 테이블 간의 간격도 적절히 유지하여 프라이버시를 존중해야 한다. 주문 카운터와 주방의 위치도 효율적인 운영을 위해 최적화되어야 한다. 공간 활용을 극대화하면서도 고객들이 붐비지 않게 하는 것이 중요하다.

네 번째, 인테리어 스타일이다. 인테리어는 카페의 분위기와 정체성을 나타내며, 선택한 스타일에 따라 고객층이 달라질 수 있다. 모던하고 세련된 인테리어는 젊은 층을, 클래식하고 아늑한 분위기는 다양한 연령층을 만족시킬 수 있다. 소품과 가구, 벽지, 바닥재 등을 통해 독특한 분위기를 조성해야 한다. 예를 들어, 빈티지 소품과 따뜻한 색조의 목재가구를 활용하면 아늑한 분위기를 만들 수 있다.

다섯 번째, 조명이다. 조명은 공간의 분위기를 좌우하는 중요한 요소 중 하나이다. 자연광을 최대한 활용하는 것이 좋지만, 인공조명으로도 따뜻하고 아늑한 분위기를 연출할 수 있다. 조명의 밝기와 색상은 고객의 감정과 편안함에 영향을 미친다. 예를 들어, 따뜻한 색조의 조명은 아늑함을 주고, 차가운 색조의 조명은 세련된 느낌을 준다. 또한, 조명은 카페의 특정 구역을 강조하거나 분위기를 전환하는 데도 활용될 수 있다.

여섯 번째, 음악과 향기이다. 배경음악은 적절한 볼륨과 장르를 선택하여 고객이 편안하게 느낄 수 있도록 해야 하며, 향기는 카페의 매력을 높이는 중요한 요소다. 커피 향이나 기분 좋은 향기를 사용하여 고객의 기억에 남는 경험을 제공할 수 있다. 예를 들어, 부드러운 재즈 음악과 은은한 바닐라 향은 고객에게 따뜻한 휴식의 순간을 선사할 수 있다.

일곱 번째, 청결과 관리 상태다. 아무리 인테리어가 훌륭해도 청결하지 않으면 고객에게 좋은 인상을 남길 수 없다. 테이블, 의자, 화장실 등 모든 공간이 항상 깨끗하게 유지되어야 하며, 쓰레기통도 정기적으로 비워야 한다. 깨끗한 환경은 고객에게 신뢰감을 주며, 재방문을 유도하는 중요한 요소다. 특히 화장실 청결은 카페의 전체적인 위생 상태를 판단하는 기준이 되기도 한다.

마지막으로, 친절하고 세심한 서비스는 공간의 첫인상에 큰 영향을 미친다. 직원들이 밝은 미소와 친절한 태도로 고객을 맞이하면 카페의 첫인상은 더욱 긍정적일 것이다. 고객이 처음 들어왔을 때의 경험이 긍정적이라면, 카페는 단순한 커피숍을 넘어 고객의 일상 속에 특별한 장소로 자리 잡을 수 있다. 예를 들어, 고객이 커피를 주문할 때 직원이 이름을 기억하고 인사해 준다면, 이는 고객에게 큰 감동을 줄 수 있다.

이처럼, 카페의 첫인상은 다양한 요소들의 조화로 결정된다. 이러한 요소들을 세심하게 고려하고 준비한다면, 고객에게 사랑받는 카페로 자리매김할 수 있을 것이다.

카페, 처음부터 제대로

디자인의 핵심 포인트

초기 인테리어 기획이 제대로 이루어지지 않으면, 지속적인 수정과 보완으로 인한 추가 비용 발생과 함께 사업주에게 큰 스트레스와 영업 손실을 초래할 수 있다. 인테리어 기획의 실패는 여러 측면에서 부정적인 영향을 미친다.

첫째, 초기 인테리어 기획이 부족하면 나중에 불필요한 수정이나 대대적인 리모델링이 필요해져 큰 비용이 추가로 발생할 수 있다. 이러한 추가 비용은 사업의 재정적 부담을 가중시키며, 투자 대비 수익률을 저하시킨다.

둘째, 인테리어 수정이나 리모델링으로 인해 카페를 일시적으로 폐쇄해야 할 경우, 영업 손실이 발생하게 된다. 이는 단기적인 수익 감소뿐만 아니라 고객의 불편과 신뢰도 저하로 이어질 수 있다.

셋째, 초기 인테리어가 카페의 브랜드 정체성과 일치하지 않을 경우, 고객이 브랜드에 대해 혼란을 느끼거나 부정적인 인상을 받을 수 있다. 이는 장기적으로 브랜드 이미지에 영향을 미친다.

효과적인 인테리어 기획 방법으로는 몇 가지가 있다.

첫째, 철저한 시장 조사와 브랜드 정체성 확립이다. 타깃 고객층의 선호와 경쟁 카페의 인테리어를 분석하여 카페의 독특한 브랜드 정체성과 일치하는 인테리어 콘셉트를 기획해야 한다.

둘째, 전문가와의 협업이다. 인테리어 디자이너, 건축가와 같은 전문가와 협력하여 실용적이면서도 미적으로 만족스러운 인테리어 설계를 도모한다. 전문가의 조언을 통해 초기 단계에서 비용 효율적이고 실행 가능한 기획을 수립할 수 있다.

셋째, 유연성과 확장성 고려다. 시장의 변화나 특별한 상황에 유연하게 대응할 수 있는 인테리어 디자인을 고려해야 한다. 예를 들어, 계절이나 테마에 따라 쉽게 변형할 수 있는 공간 구성이나 가구 배치를 계획하는 것이 좋다.

성공적인 카페 운영을 위한 잘 기획되고 구현된 인테리어는 카페의 브랜드 정체성을 강화하고 고객에게 더 나은 경험을 제공하는 데 중요한 역할을 한다. 초기 단계에서 시간과 노력을 투자하여 철저히 인테리어를 기획하고 실행함으로써, 미래에 발생할 수 있는 문제를 예방하고 카페의 성공을 지원할 수 있다. 따라서 카페 운영자는 인테리어 기획에 충분한 주의를 기울여야 하며, 전문가의 조언과 시장 동향을 주의 깊게 고려해야 한다.

매력 포인트, 인스타 핫플 포토 존

얼마 전에 방문한 카페는 독특한 공간 콘셉트와 포토 존 덕분에 많은 사람들을 끌어들였다. SNS나 개인 사진첩에 특별한 사진을 남기고 싶어 하는 사람들이 많은 요즘, 특별한 공간에서 찍은 사진은 개인적으로 큰 기쁨을 안겨 준다. 그만큼 카페 경영에서 특별한 연출과 포토 존은 고객 유입과 브랜드 인지도를 높이는 데 매우 중요한 요소다. 최근 몇 년간 SNS의 영향력이 커지면서 고객들은 단순히 커피를 마시는 것에 그치지 않고 특별한 경험과 인상적인 순간을 추구하게 되었다. 이에 따라, 카페는 독창적인 인테리어와 특별한 연출을 통해 고객들에게 잊지 못할 경험을 제공할 수 있도록 노력해야 한다.

시즌별로 변화하는 포토 존 연출도 효과적이다. 계절에 맞춘 테마를 적용하여 매번 새로운 느낌을 제공하면, 고객들은 반복 방문할 이유를 갖게 된다. 예를 들어, 크리스마스 시즌에는 화려한 장식과 트리를 설치하고, 봄에는 꽃으로 가득한 공간을 연출하는 것이다. 이러한 변화는 고객들에게 신선함을 제공하며, 계절마다 새로운 사진을 찍기 위해 카페를 찾게 만든다.

포토 존은 단순히 사진을 찍는 공간을 넘어, 고객과의 감정적인 연결을 강화하는 도구가 될 수 있다. 커플들이 함께 사진을 찍을 수 있는 로맨틱한 공간이나, 친구들이 즐길 수 있는 재미있는 소품들을 배치하면, 고객들은 그 순간을 소중한 추억으로 간직하게 된다. 이는 고객들이 카페에 대한 애정을 느끼고, 충성 고객으로 이어지게 만드는 중요한 요소다.

포토 존을 활용한 이벤트도 효과적이다. 고객들이 찍은 사진을 해시태그와 함께 SNS에 올리도록 유도하고, 이를 통해 경품을 제공하는 이벤트를 진행할 수 있다. 예를 들어, "우리 카페 포토 존에서 찍은 사진을 #카페이름 해시태그와 함께 올리면 추첨을 통해 무료 음료 쿠폰을 드립니다."와 같은 이벤트는 고객들의 자발적인 참여를 유도하고 카페의 인지도를 확산시키는 데 큰 도움이 된다.

이처럼 특별한 연출과 포토 존은 카페의 매력을 극대화하고, 고객 유입과 충성도를 높이는 데 중요한 역할을 한다. 독창적인 인테리어와 테마, 시즌별 변화, 감정적인 연결, 그리고 이벤트의 적극적인 활용을 통해, 카페는 단순한 음료 제공을 넘어 고객들에게 특별한 경험과 추억을 선사할 수 있다. 최근 트렌드를 반영한 창의적인 접근을 통해 포토 존은 카페 경영의 강력한 도구로 자리 잡을 수 있다.

카페, 처음부터 제대로

디자인 전문가의 조언, 동선

카페를 운영하다 보면 다양한 분야의 전문가들을 만나게 된다. 그중 디자인 전문가와 대화할 기회가 있었을 때, 카페에서 가장 중요한 요소 중 하나가 무엇인지 물어본 적이 있다. 그 전문가의 답변은 동선이었다. 동선은 고객이 카페에 입장하고 주문을 하며 음료를 수령하고 좌석으로 이동한 뒤 퇴장하기까지의 경로를 의미하며, 이 경로의 설계가 고객 경험과 운영 효율성에 직접적인 영향을 미친다.

효율적인 동선 설계는 고객이 자연스럽게 이동할 수 있게 하며, 대기 시간을 줄이고 혼잡을 최소화하는 데 도움이 된다. 예를 들어, 입구에서 바로 주문대로 이어지는 동선이 명확하면 처음 방문하는 고객도 카페의 흐름을 쉽게 이해할 수 있다. 또한, 음료를 수령하는 공간이 별도로 마련되어 있으면 주문대와 겹치지 않아 혼란을 줄일 수 있다. 동선이 잘 설계된 카페는 고객이 원하는 좌석으로 신속하게 이동할 수 있으며, 직원들도 효율적으로 업무를 수행할 수 있다. 바리스타가 음료를 준비하는 공간과 고객이 대기하는 공간이 명확하게 구분되면 작업 효율이 높아지고 고객 응대가 원활해진다. 특히 피크 타임에 주문이 몰릴 때 효율적인 동선은 업무 스트레스를 줄이고 서비스 속도를 높이는 데 큰 도움이 된다.

장애인이나 유아 동반 고객을 위한 배려도 중요하다. 휠체어 접근이 용이한 경사로와 넓은 통로, 유모차를 쉽게 이동할 수 있는 공간 설계는 모든 고객에게 편리함을 제공한다. 카페의 동선은 고객이 카페를 어떻게 경험하고 기억하느냐에 큰 영향을 미친다. 동선이 복잡하거나 불편하면 고객은 부정적인 경험을 하게 되며, 이는 재방문 의사에 영향을 미칠 수 있다. 반면, 동선이 직관적이고 편리하면 고객은 긍정적인 경험을 하게 되어 카페에 대한 좋은 인상을 가지게 된다.

결론적으로, 카페의 동선은 단순한 이동 경로를 넘어서 고객 경험을 총체적으로 설계하는 중요한 요소다. 잘 설계된 동선은 고객의 만족도를 높이고, 운영 효율성을 극대화하며, 카페의 브랜드 이미지를 강화하는 데 기여한다. 따라서 카페를 설계할 때는 동선의 중요성을 깊이 이해하고, 고객과 직원 모두에게 최적의 환경을 제공할 수 있도록 세심한 주의를 기울여야 한다.

감각을 사로잡는 음악, 조명, 향기

> 향수는 냄새에 관한 이야기고, 때로는 기억 속에 있는 시다.
> *Perfume is a story in odor, sometimes a poetry in memory.*
> - 장 클로드 엘레나(Jean Claude Ellena) -

카페의 매력은 단순히 커피의 맛에 그치지 않는다. 현대의 소비자들은 감각을 자극하는 모든 요소가 조화를 이루는 공간에서만 진정한 만족을 느낀다. 이처럼 감각을 사로잡는 카페를 만들기 위해서는 음악, 조명, 향기의 세 가지 요소가 어우러지는 균형 잡힌 공간을 창출해야 한다.

음악은 카페의 분위기를 형성하는 중요한 요소 중 하나다. 음악은 고객의 감정을 조절하고 그들이 카페에서 보내는 시간을 더욱 즐겁고 만족스럽게 만들어 준다. 조용하고 차분한 음악은 고객에게 휴식과 편안함을 제공하며, 바쁜 하루 속에서 잠시 쉼을 느끼게 한다. 반면, 밝고 경쾌한 음악은 활력과 에너지를 불어넣어, 고객이 활기찬 기분으로 카페를 즐길 수 있게 한다. 음악의 선택은 카페의 브랜드 이미지와도 밀접하게 연결되어 있으므로, 공간의 콘셉트와 잘 어울리는 음악을 신중히 고르는 것이 중요하다.

카페, 처음부터 제대로

조명은 카페의 무드를 설정하고 공간의 특정 영역을 강조하는 데 필수적인 역할을 한다. 자연광은 공간에 활력을 주고, 넓어 보이게 하며, 고객에게 시각적 쾌적함을 제공한다. 반면, 따뜻한 인공조명은 아늑하고 친밀한 분위기를 조성하여, 고객이 편안히 머물 수 있는 환경을 만들어 준다. 조명의 색온도와 강도를 조절함으로써, 카페의 분위기와 고객의 감정 상태를 효과적으로 조절할 수 있다. 조명은 또한 제품의 시각적 매력을 높이고, 공간의 디자인 요소들을 돋보이게 하는 데 중요한 역할을 한다.

향기는 감각적 경험의 핵심적인 부분으로, 공간에 대한 첫인상과 고객의 기억에 깊은 영향을 미친다. 향기는 감정을 자극하고, 공간에 대한 감성적 반응을 유도한다. 신선한 커피의 향기는 활력을 주고, 갓 구운 베이커리의 따뜻한 향기는 고객에게 친숙함과 편안함을 전달한다. 향기는 카페의 브랜드 이미지를 강화하고, 고객이 다시 방문하고 싶어지는 매력적인 공간을 만드는 데 도움을 준다.

음악, 조명, 향기 이 세 요소는 서로 유기적으로 연결되어 있다. 각각의 감각적 요소가 잘 조화되어야만 고객에게 진정한 만족과 기억에 남는 경험을 제공할 수 있다. 고객이 카페에서 보내는 시간을 최대한 즐겁고 편안하게 만들기 위해, 이 세 가지 요소를 신중하게 계획하고 조정하는 것이 필수적이다. 감각을 사로잡는 공간을 만드는 것은 단순한 미적 작업이 아니라, 고객의 마음을 사로잡고 지속적인 인상을 남기기 위한 전략적 접근이다. 각 요소가 완벽하게 어우러질 때, 고객의 감성을 깊이 자극하는 특별한 장소로 거듭날 수 있다.

카페, 처음부터 제대로

4장

팬덤을 만들어라,
SNS로 팬덤 형성하기

SNS로 팬덤 형성하기

    효과적인 온라인 마케팅은 디지털 시대의 비즈니스, 특히 카페와 같은 소비자 지향적 업종에서 고객의 관심을 끌고, 브랜드 인지도를 높이며, 매출을 증대시키는 데 필수적이다.

    첫째, 소셜 미디어를 활용하여 브랜드의 시각적 이미지와 메시지를 공유해야 한다. 인스타그램, 페이스북, 틱톡 등 다양한 플랫폼에 매력적인 사진, 비디오, 스토리를 게시함으로써 고객의 참여를 유도하고, 브랜드에 대한 긍정적인 대화를 촉진할 수 있다. 일상적인 카페 분위기, 새로운 메뉴 아이템, 특별 이벤트, 고객 리뷰 및 피드백을 공유하며, 해시태그 캠페인을 통해 사용자 생성 콘텐츠를 장려하는 것도 좋은 방법이다.

    둘째, 검색 엔진 최적화를 통해 카페 웹사이트의 가시성을 향상시키는 것이 중요하다. 키워드 리서치를 통해 타깃 고객이 자주 사용하는 검색어를 파악하고, 웹사이트의 제목, 메타 설명, 콘텐츠 내 키워드 배치를 최적화하여 검색 엔진에서 높은 순위를 차지할 수 있도록 해야 한다. 또한, 블로그 포스트나 뉴스 섹션을 통해 정기적으로 관련 콘텐츠를 업데이트함으로써 지속적인 트래픽을 유도할 수 있다.

    셋째, 이메일 마케팅을 통해 고객 데이터베이스를 구축하고 정기적인 뉴스레터를 발송함으로써 고객과의 소통을 유지할 수 있다. 특별 할인, 이벤트 초대, 새로운 메뉴 출시 등의 정보를 공유하며, 가입 시 할인 쿠폰 제공이나 생일, 기념일에 특별 혜택을 제공하는 개인화된 이메일을 통해 고객 충성도를 높일 수 있다.

넷째, 인플루언서 마케팅을 활용하여 카페와 관련된 분야에서 영향력 있는 인플루언서와 협력하는 것도 효과적이다. 인플루언서를 초대하여 카페를 방문하고 경험을 공유하도록 하거나, 특정 제품이나 이벤트를 홍보하는 협업을 통해 브랜드의 메시지를 그들의 팔로워에게 전달할 수 있다.

다섯째, 고객 리뷰 및 평판 관리를 통해 온라인에서의 긍정적인 리뷰와 평판을 관리하고 증진시켜야 한다. 구글 마이 비즈니스, 트립어드바이저, 네이버 플레이스와 같은 플랫폼에서의 리뷰에 주의를 기울이고, 적극적으로 소통하며, 고객이 긍정적인 리뷰를 남길 수 있도록 장려하는 것이 중요하다. 부정적인 리뷰에는 신속하고 전문적으로 대응하여 문제를 해결하고, 고객의 의견을 존중하며 이를 개선을 위한 피드백으로 활용하는 것이 필요하다.

소셜 플랫폼 100% 활용하는 법

'내 돈으로 내가 산'이라는 표현은 협찬의 존재를 상기시킨다. 협찬을 통해 얻는 효과는 무시할 수 없으며, 협찬을 받은 사람들 중 한 명이 효과적으로 홍보할 경우 엄청난 파급 효과를 낳을 수 있다. 협찬은 인내심을 가지고 지속적으로 접근할 만한 방법으로, 꾸준한 협찬과 마케팅을 통해 브랜드 인지도를 높이고 잠재 고객의 관심을 끌 수 있다. 특히 영향력 있는 인물이 올리는 포스트는 수많은 광고보다 큰 효과를 가져올 수 있다.

최근 소셜 미디어를 활용하여 성공적으로 카페를 경영한 사례가 주목받고 있다. 서울 연남동의 카페 '노티드(Knotted)'는 그 대표적인 사례로, 인스타그램을 통해 효과적인 브랜딩을 구축하며 많은 고객을 유치했다. 이 카페는 시각적 매력을 극대화하는 전략을 채택하여, 화려하고 예쁜 도넛과 다양한 디저트 사진을 꾸준히 업로드했다. 특히 독특한 색감과 귀여운 캐릭터가 그려진 도넛들은 강렬한 인상을 주어, 고객들에게 즉각적으로 노티드를 인식하게 했다. 이러한 비주얼 중심의 마케팅은 인스타그램 사용자들 사이에서 빠르게 입소문을 탔다.

또한, 카페 노티드는 인플루언서와의 협업을 통해 브랜드 인지도를 확장했다. 팔로워가 많은 인플루언서들이 카페를 방문해 사진을 찍고 자신의 계정에 공유함으로써, 노티드의 인지도는 급상승했다. 이러한 포스트는 팔로워들에게 자연스럽게 노티드를 소개하며, 단순한 광고보다 더 큰 신뢰를 얻는 계기가 되었다.

고객과의 소통 강화도 노티드의 성공 요소 중 하나였다. 고객들이 인스타그램에 올린 사진을 리그램하고, 댓글에 성실하게 답변하며 상호작용을 활발히 유지했다. 이러한 접근은 고객들에게 특별한 관심을 받고 있다는 느낌을 주었고, 충성 고객을 확보하는 데 큰 역할을 했다. 또한, 고객들이 자발적으로 노티드의 해시태그를 사용하도록 유도하여 자연스럽게 사용자 생성 콘텐츠(UGC)를 확보할 수 있었다.

시즌 별로 새로운 메뉴와 이벤트를 선보이며 꾸준한 관심을 유지한 것도 주효했다. 크리스마스나 밸런타인데이 같은 특별한 날에는 테마에 맞는 디저트를 출시하고 이를 소셜 미디어를 통해 적극 홍보했다. 이러한 전략은 고객들에게 신선한 경험을 제공하며 재방문을 유도했다.

결과적으로, 카페 노티드는 소셜 미디어를 활용한 전략적 마케팅을 통해 단기간에 큰 성공을 거두었다. 인스타그램을 중심으로 한 시각적 브랜딩, 인플루언서와의 협업, 고객과의 적극적인 소통, 그리고 지속적인 이벤트와 메뉴 업데이트가 주요 성공 요인이었다. 이 사례는 소셜 미디어가 카페 경영에 있어 강력한 도구가 될 수 있음을 잘 보여 준다. 시각적 콘텐츠와 고객 참여를 중심으로 한 전략이 브랜드를 빠르게 성장시킬 수 있음을 명확히 증명한 사례이다.

카페, 처음부터 제대로

창의적인 이벤트와 홍보로 고객 끌어모으기

창의적인 이벤트와 프로모션 기획은 고객의 관심을 끌고 브랜드 인지도를 높이는 데 필수적이다. 시즌별 테마 이벤트는 특정 계절이나 명절을 주제로 하여 고객들에게 새로운 경험을 제공하는 방식이다. 예를 들어, 봄에는 벚꽃 테마, 여름에는 바캉스 테마, 가을에는 핼러윈 테마, 겨울에는 크리스마스 테마를 적용할 수 있다. 이러한 테마에 맞춰 카페 인테리어를 꾸미고, 특별한 메뉴를 출시하며, 고객 참여 이벤트를 진행하면 큰 호응을 얻을 수 있다. 벚꽃 시즌에는 벚꽃 모양의 디저트와 음료를 선보이고, 핼러윈에는 코스튬을 입고 방문한 고객에게 할인 혜택을 제공하는 식이다.

SNS 해시태그 이벤트는 고객들이 특정 해시태그를 사용하여 카페에서 찍은 사진을 자신의 SNS에 업로드하고 추첨을 통해 상품을 제공하는 방식으로 매우 효과적이다. 이러한 방식은 고객들이 자발적으로 카페를 홍보하게 만들어 바이럴 효과를 극대화할 수 있다. 인스타그램에서 자주 사용되는 방식으로, 해시태그를 통해 새로운 고객을 유입시키고 카페의 인지도를 높이는 데 도움이 된다.

컬래버레이션 이벤트는 다른 브랜드나 아티스트와 협업하여 특별한 메뉴나 굿즈를 출시하고 이를 기념하는 이벤트를 열 수 있다. 예를 들어, 인기 있는 패션 브랜드와 협업하여 한정판 머그컵이나 텀블러를 제작하거나, 유명 일러스트레이터와 함께 특별한 메뉴판을 디자인하는 식이다. 이러한 컬래버레이션 이벤트는 고객들에게 신선한 경험을 제공하고 다양한 관심사를 가진 고객층을 끌어들일 수 있다.

로열티 프로그램과 멤버십 혜택은 정기적으로 카페를 방문하는 고객에게 멤버십 카드를 제공하고, 방문 횟수에 따라 할인 혜택이나 무료 음료 쿠폰을 제공하는 방식으로 효과적이다. 멤버십 회원 전용 이벤트나 특별 메뉴 시식을 제공하면 고객 충성도를 높일 수 있다. 이는 단골 고객을 확보하고 재방문을 유도하는 데 도움이 된다.

워크숍과 클래스 이벤트는 커피에 대한 지식을 공유하고 고객들이 직접 체험할 수 있는 커피 워크숍이나 바리스타 클래스를 제공하는 전략이다. 예를 들어, 커피 로스팅 클래스나 라테 아트 클래스 등을 정기적으로 운영하여 고객과의 유대감을 강화할 수 있다. 이러한 이벤트는 단순히 커피를 마시는 것 이상의 가치를 제공하며, 고객들이 카페에 더 애착을 가지게 만든다.

마지막으로, 지역 사회와 연계한 프로모션은 지역 축제나 마켓에 참여하거나 지역 소상공인과 협력하여 공동 프로모션을 진행하는 것이다. 예를 들어, 지역 농산물을 활용한 메뉴를 개발하고 이를 홍보하는 이벤트를 열 수 있다. 이러한 지역 사회와의 연계는 카페의 긍정적인 이미지를 만들고 지역 주민들과의 관계를 강화하는 데 기여한다.

카페, 처음부터 제대로

이처럼 다양한 창의적인 이벤트와 효과적인 프로모션 기획을 통해 카페를 매력적이고 특별한 공간으로 만들어 보자. 이러한 노력이 결실을 맺으면, 카페는 단순한 커피숍을 넘어 고객들에게 사랑받는 특별한 장소로 자리 잡을 수 있을 것이다.

협력 마케팅과 컬래버레이션

컬래버레이션은 두 브랜드가 결합하여 각자의 강점을 극대화하는 것이 핵심이다. 예를 들어, 패션 브랜드와의 협업을 통해 특별한 카페 굿즈를 출시하거나, 로컬 아티스트와 협력하여 매장에서 작품 전시회를 개최하는 것은 좋은 사례다. 이러한 협력은 서로 다른 고객층을 연결하고, 브랜드 시너지를 창출하여 강력한 마케팅 효과를 가져온다. 최근 트렌드 중 하나는 팝업 이벤트와 한정판 메뉴를 통한 협력이다. 유명 셰프와 함께 특별한 디저트 메뉴를 개발하여 한정된 기간 동안만 제공하는 것은 고객의 호기심을 자극하고 매장 방문을 유도하는 효과가 있다. 팝업 이벤트는 또한 새로운 고객층을 유입시키는 데 효과적이다.

인플루언서 마케팅은 현대 마케팅 전략에서 중요한 요소다. 인기 인플루언서와 협력하여 그들이 직접 카페를 방문하고 체험한 내용을 소셜 미디어에 공유하도록 하는 것은 강력한 마케팅 도구가 된다. 이는 자연스럽게 바이럴 마케팅 효과를 가져오며, 젊은 층의 고객들에게 강한 인상을 줄 수 있다.

비슷한 가치관을 가진 브랜드와 공동으로 캠페인을 전개하는 것도 좋은 방법이다. 예를 들어, 친환경 브랜드와 함께 지속 가능한 경영을 주제

카페, 처음부터 제대로

로 한 캠페인을 펼치는 것은 두 브랜드의 고객들에게 긍정적인 이미지를 심어 주고 사회적 가치를 실현하는 데 도움이 된다.

지역 커뮤니티와의 협력도 중요하다. 지역 학교와 협력하여 학생들을 위한 커피 교육 프로그램을 제공하거나, 지역 봉사 단체와 협력하여 수익의 일부를 기부하는 프로그램을 운영하는 것은 지역 주민들과의 유대감을 강화하고 카페의 사회적 책임을 강조하는 데 도움이 된다.

테크놀로지 기업과의 협업을 통해 디지털 경험을 강화하는 것도 최신 트렌드 중 하나다. 모바일 결제 시스템을 제공하는 핀테크 회사와 협력하여 편리한 결제 옵션을 제공하거나, 스마트 오더 시스템을 도입하여 효율성을 높일 수 있다. 이러한 협업은 고객 만족도를 높이고 매장 운영의 효율성을 개선하는 데 기여한다.

문화 콘텐츠와의 결합도 고객에게 특별한 경험을 제공하는 효과적인 방법이다. 예를 들어, 영화 개봉에 맞춰 영화 테마의 메뉴를 개발하거나, 인기 드라마와 협력하여 드라마 속 카페 메뉴를 재현하는 것은 팬층을 확보하고 매장 방문을 촉진하는 데 효과적이다.

특정 브랜드와 협력하여 맞춤형 상품을 개발하는 것도 좋은 전략이다. 예를 들어, 유명 초콜릿 브랜드와 협력하여 특별한 커피 초콜릿을 개발하거나, 유명 베이커리와 협력하여 한정판 케이크를 출시하는 것이다. 이러한 맞춤형 상품은 고객의 소유욕을 자극하고 판매 촉진에 효과적이다. 협력 마케팅과 컬래버레이션은 단순한 일회성 이벤트가 아니라 장기적인 브랜드 전략의 일환으로 접근해야 한다.

요즘 대세 베이커리 카페

베이커리 카페는 커피와 함께 갓 구운 빵과 디저트를 제공하여, 고객들에게 풍부한 미식 경험을 선사한다. 이러한 유행의 이유는 다양하다.

고객들은 다양한 맛을 동시에 즐길 수 있는 복합적인 경험을 원한다. 커피 한 잔과 함께 신선한 빵이나 디저트를 즐길 수 있는 베이커리 카페는 이러한 니즈를 충족시킨다. 베이커리 카페는 식사 대용으로도 적합하여, 간단한 브런치나 점심 식사를 해결할 수 있는 장소로 각광받고 있다. 베이커리 카페의 장점은 분명하다. 다양한 메뉴 구성이 가능하여 고객의 선택 폭을 넓힐 수 있다. 커피와 어울리는 빵과 디저트를 직접 구워 제공함으로써 품질을 높이고, 신선함을 유지할 수 있다. 또한, 베이커리 카페는 인테리어와 분위기를 통해 따뜻하고 아늑한 느낌을 줄 수 있어 고객들이 편안하게 머물 수 있는 환경을 제공한다. 이러한 장점은 고객의 만족도를 높이고, 재방문율을 증가시키는 데 큰 도움이 된다.

그러나 베이커리 카페에도 단점이 존재한다. 우선 초기 투자 비용이 높을 수 있다. 베이커리 장비와 재료, 숙련된 제빵사 등을 갖추는 데 많은 비용이 들기 때문이다. 또한 운영 관리가 복잡하다. 빵과 디저트는 신선도가 중요하므로 재고 관리와 생산 계획이 까다롭다. 마지막으로 경쟁이 치열하다. 많은 베이커리 카페가 생겨나면서 차별화된 경쟁력을 갖추기 위해 끊임없이 노력해야 한다.

베이커리 카페가 유행하는 이유와 그 장단점을 고려할 때, 성공적인 운영을 위해서는 몇 가지 전략이 필요하다.

첫째, 고품질의 재료를 사용하고, 독창적인 메뉴를 개발하여 차별화를 꾀해야 한다.

둘째, 고객의 피드백을 적극 반영하여 메뉴와 서비스를 지속적으로 개선해야 한다.

셋째, 효율적인 운영 관리를 통해 신선한 제품을 제공하고, 재고 손실을 최소화해야 한다.

넷째, 매력적인 인테리어와 편안한 분위기를 조성하여 고객이 머물고 싶은 공간을 만들어야 한다.

결론적으로, 요즘 대세인 베이커리 카페는 고객에게 다양한 미식 경험을 제공하며, 높은 품질과 신선함을 유지하는 데 중점을 두어야 한다. 초기 투자와 운영 관리의 어려움이 있지만, 철저한 준비와 지속적인 개선을 통해 베이커리 카페를 성공적으로 운영할 수 있다.

카페와 문화의 접목으로 새로운 경험 제공하기

　베니스에 있는 '플로리안' 카페를 방문했을 때 그곳에서 열린 연주회에 큰 감명을 받았고, 차후 카페를 경영하게 된다면 문화적인 요소를 결합한 연주회 카페를 만들고 싶은 소망이 생겼다. 꾸준하게 전통을 이어가는 플로리안 카페의 모습이 가장 마음에 들었기 때문이다. 그러나 이러한 전통을 유지하는 것은 많은 노력이 필요하다. 연주자와의 지속적이고 장기적인 약속이 필요하며, 꾸준한 관리와 관심이 요구된다. 연주회를 정기적으로 개최하기 위해서는 높은 수준의 음악적 품질을 유지해야 하고, 이를 위해 연주자들과의 원활한 협력과 신뢰가 필수적이다. 이는 연주회의 질과 고객의 만족도를 높이는 데 중요한 역할을 한다.

　비단 음악뿐만 아니라, 다양한 문화적 요소를 결합하여 성공한 카페들도 많이 있다. 예술 전시회를 정기적으로 개최하는 카페, 독서 모임을 운영하는 북카페, 영화 상영회를 여는 카페 등 다양한 형태의 문화 결합이 가능하다. 이러한 문화적 요소는 고객들에게 특별한 경험을 제공하며, 카페를 단순한 음료 제공 장소가 아닌 문화적 허브로서 자리매김하게 한다. 문화와의 결합은 카페의 브랜드 이미지를 강화하고, 고객들의 충성도를 높이는 데 큰 도움이 된다. 고객들은 단순히 커피를 마시러 오는 것이 아니라, 그곳에서 제공하는 문화적 경험을 즐기기 위해 찾아오게 된다. 이는 자연스럽게 재방문율을 높이고, 입소문을 통해 새로운 고객을 유치하는 효과를 가져온다. 문화적인 요소를 결합한 카페는 또한 지역 사회와의 연계성을 강화할 수 있다. 지역 예술가들의 작품을 전시하거나, 지역 음악가들의 공연을 지원함으로써 지역 커뮤니티와의 유대감을 높일 수 있다. 이는 카페가 지역 문화 발전에 기여하는 동시에, 지역 주민들의 지지를 얻는 데도 도움이 된다. 따라서 카페와 문화의 결합은 단순히 일시적인 마케팅 전략이 아니라, 장기적인 브랜드 가치 창출과 고객 만족을 위한 중요한 요소로 자리 잡을 수 있다. 문화적 요소를 성공적으로 결합하기 위해서는 꾸준한 기획과 실행, 그리고 무엇보다도 진정성 있는 접근이 필요하다. 이는 카페가 지속 가능하고, 독창적인 문화를 제공하는 공간으로 성장하는 데 큰 밑거름이 될 것이다.

구독(서브스크립션) 서비스, 새로운 수익 모델

　매장 내 서브스크립션 서비스 제공은 최근 카페 경영에서 주목받고 있는 전략 중 하나다. 서브스크립션 서비스는 고객이 일정 금액을 지불하고 정기적으로 제품이나 서비스를 제공받는 모델로, 카페에서도 이를 활용하면 다양한 이점을 얻을 수 있다. 우선, 안정적인 수익을 확보할 수 있다는 점이 큰 장점이다. 고객이 매달 일정 금액을 지불하므로 예측 가능한 매출을 확보할 수 있고, 이는 운영 계획을 세우는 데 도움이 된다.

　카페의 서브스크립션 서비스는 월간 커피 구독 서비스를 도입하여 고객이 매일 한 잔의 커피를 즐길 수 있도록 제공하는 것이다. 이는 고객에게 경제적인 혜택을 제공하면서도 카페에 대한 충성도를 높이는 효과가 있다. 또한, 서브스크립션 서비스는 고객과의 지속적인 관계를 유지하는 데 유리하다. 정기적으로 카페를 방문하게 되면 자연스럽게 고객과의 유대감이 형성되고, 이는 단골 고객으로 이어질 가능성이 크다.

　이때 다양한 서브스크립션 옵션을 제공하여 고객의 선택 폭을 넓히는 것이 중요하다. 커피뿐만 아니라 디저트, 브런치, 스페셜티 음료 등 다양한 구독 옵션을 제공하면 고객의 다양한 취향을 만족시킬 수 있다. 고객 맞춤형 서브스크립션 서비스도 고려해 볼 만하다. 고객의 선호도를 분석하여 개인 맞춤형 메뉴를 제공하는 것이다. 이는 고객에게 특별한 경험을 제공하고, 카페에 대한 만족도를 높이는 데 큰 도움이 된다.

서브스크립션 서비스는 또한 마케팅 측면에서도 강력한 도구가 된다. 정기 구독 고객을 대상으로 특별 이벤트나 프로모션을 제공하면, 고객의 참여도를 높이고, 신규 고객 유치에도 긍정적인 영향을 미칠 수 있다. 예를 들어, 구독자 전용 시음회나 신메뉴 출시 이벤트를 개최하면 고객에게 특별한 혜택을 제공할 수 있다.

기술적인 측면에서는 간편한 결제 시스템과 고객 관리 시스템을 구축하는 것이 중요하다. 모바일 앱이나 웹사이트를 통해 손쉽게 구독을 신청하고 관리할 수 있도록 하면 고객의 편의성을 높일 수 있다. 또한, 구독 서비스의 지속적인 품질 관리를 위해 정기적으로 고객 피드백을 수집하고, 이를 서비스 개선에 반영하는 것도 필수적이다.

매장 내 서브스크립션 서비스 제공은 고객에게 지속적인 가치를 제공하며, 카페의 안정적인 성장과 발전을 도모하는 효과적인 전략이다. 고객과의 장기적인 관계를 구축하고, 예측 가능한 수익을 확보하며, 마케팅과 서비스 품질 관리 측면에서 강력한 도구가 될 수 있다. 이를 통해 카페는 고객에게 더욱 특별한 경험을 제공하고, 시장에서의 경쟁력을 강화할 수 있다.

5장

고객의 마음을 사로잡는
메뉴 구성의 비법

메뉴를 구성할 때 반드시 검토할 사항은?

고객의 다양한 취향을 만족시키기 위해 몇 가지 요령을 소개할 것이다. 첫 번째로, 시그니처 메뉴 개발이 중요하다. 카페만의 독창적이고 매력적인 시그니처 메뉴는 브랜드의 아이덴티티를 확립하고, 고객들에게 특별한 경험을 제공한다. 독특한 재료를 사용한 음료나 디저트를 개발해 고객들이 카페를 방문할 이유를 만들어야 한다. 인스타그램과 같은 소셜 미디어에서 공유할 만한 비주얼과 맛을 갖춘 메뉴는 고객들의 관심을 끌고, 바이럴 마케팅 효과를 높일 수 있다.

두 번째로, 계절별 메뉴 업데이트를 통해 신선함을 유지하는 것이 중요하다. 계절에 따라 변하는 재료를 사용해 메뉴를 주기적으로 업데이트하면, 고객들은 항상 새로운 것을 기대할 수 있다. 여름에는 상큼한 과일을 활용한 아이스 음료, 겨울에는 따뜻하고 진한 맛의 핫초코나 스페셜티 커피를 추가하는 것이다. 이러한 변화는 고객들에게 신선한 경험을 제공하고, 재방문을 유도할 수 있다.

세 번째로, 다양한 고객층을 고려한 메뉴 구성이 필요하다. 카페를 방문하는 고객들은 각기 다른 취향과 필요를 가지고 있다. 따라서 커피를 즐기지 않는 고객을 위한 차, 주스, 스무디 등 다양한 음료를 제공해야 한다.

카페, 처음부터 제대로

또한, 건강을 중시하는 고객들을 위해 저칼로리, 비건, 글루텐 프리 옵션을 메뉴에 포함시키는 것도 좋은 방법이다. 최근 건강한 라이프스타일을 추구하는 사람들이 늘어나고 있기 때문에, 이러한 메뉴 옵션은 고객들에게 긍정적인 반응을 얻을 수 있다.

네 번째로, 로컬 재료를 활용한 메뉴 개발이 중요하다. 지역 특산물을 활용한 메뉴는 신선함을 강조할 수 있을 뿐만 아니라, 지역 사회와의 연계를 강화하는 효과도 있다. 예를 들어, 지역 농장에서 직접 재배한 신선한 과일이나 허브를 사용한 음료나 디저트를 메뉴에 추가하는 것이다. 이는 고객들에게 신뢰감을 주고, 카페의 품질을 높이는 데 도움이 된다.

다섯 번째로, 고객 참여형 메뉴를 도입하는 것도 좋은 방법이다. 고객들이 직접 메뉴 개발에 참여하거나, 새로운 메뉴 아이디어를 제안할 수 있는 이벤트를 개최하면, 고객들은 자신이 카페의 일원이라는 느낌을 받을 수 있다. 예를 들어, 새로운 메뉴 공모전을 열어 당선된 메뉴를 실제로 판매하는 것이다. 이러한 접근은 고객들의 충성도를 높이고, 카페에 대한 애착을 강화할 수 있다.

여섯 번째로, 메뉴 설명과 스토리텔링을 통해 고객의 관심을 끌어야 한다. 각 메뉴의 재료, 기원, 개발 과정을 상세히 설명하고, 메뉴에 담긴 이야기를 전하는 것은 고객들에게 특별한 가치를 전달할 수 있다. 예를 들어, 특정 메뉴가 어떤 특별한 방법으로 만들어졌는지, 어떤 영감을 받아 개발되었는지 등을 설명하는 것이다. 이는 고객들에게 메뉴에 대한 이해와 흥미를 높이고, 더 깊은 인상을 남길 수 있다.

마지막으로, 가격 책정의 전략적 접근이 중요하다. 메뉴의 가격은 고객의 지갑을 여는 중요한 요소 중 하나다. 합리적인 가격대를 유지하면서도, 프리미엄 메뉴는 그만큼의 가치를 느낄 수 있도록 해야 한다. 가격 대비 품질을 강조하고, 프로모션이나 할인 이벤트를 통해 고객들에게 더 큰 가치를 제공하는 것도 좋은 방법이다.

이처럼 고객의 마음을 사로잡는 메뉴 구성을 위해서는 시그니처 메뉴 개발, 계절별 메뉴 업데이트, 다양한 고객층을 고려한 메뉴 구성, 로컬 재료 활용, 고객 참여형 메뉴, 메뉴 설명과 스토리텔링, 가격 책정 전략 등이 필수적이다. 이러한 요소들을 적절히 조합하여 매력적이고 차별화된 메뉴를 구성하면, 고객들은 카페를 단순한 커피숍이 아닌 특별한 경험을 제공하는 장소로 인식하게 될 것이다.

카페, 처음부터 제대로

트렌드를 반영한 핫한 시그니처 메뉴 만들기

1. 콜드브루 라테, 깊고 진한 커피의 매력

콜드브루 라테를 만드는 과정은 비교적 간단하며, 훌륭한 결과물을 만들기 위해서는 좋은 원료와 정확한 비율을 사용하는 것이 중요하다. 여기 콜드브루 라테를 만드는 단계별 가이드가 있다.

재료 준비
• 미리 준비한 다크 커피: 원두 20g을 조금 진하게 1:10의 비율로 내려서 차갑게 보관한다.
• 우유 120ml
• 얼음 7 9개
• 오트 시럽 또는 당도 조절제: 예를 들어 바닐라시럽

만드는 방법
1. 잔에 오트 시럽 30ml를 넣는다.
2. 그 위에 우유 120ml를 붓고 잘 섞는다.

카페, 처음부터 제대로

3. 혼합물에 얼음 7-9개를 넣는다.

4. 준비한 콜드 커피 105ml를 모양이 잘 나오도록 조심스럽게 부어 준다.

5. 우유와 콜드브루의 비율은 개인의 취향에 따라 조절할 수 있다.

6. 선택적으로 시럽을 넣어 당도를 조절한다.

2. 베이글 샌드위치, 간편하면서도 든든한 한 끼

베이글 샌드위치는 간단하면서도 맛있는 브런치나 간식으로 인기 있는 메뉴이다. 아래는 베이글 샌드위치를 만드는 간단한 과정이다.

재료 준비

- 베이글: 플레인, 온전한 베이글을 사용하거나 다양한 종류의 베이글을 선택할 수 있다.

- 장식용 식재료: 달걀, 베이컨, 토마토, 양상추, 아보카도, 치즈, 햄, 스프레드(크림치즈, 마요네즈, 페스토 등)
- 양념: 소금, 후추, 올리브오일 등

베이글 절단

- 베이글을 반으로 절단하여 하프 베이글을 만든다. 필요에 따라 토스터에 바로 넣어 구워 준다.

베이글 조합

- 베이글의 하프에 스프레드를 바른다. 일반적으로 크림치즈나 마요네즈를 사용한다.
- 상단 베이글에는 아보카도, 토마토, 양상추 등을 올린다.
- 그 위에는 햄이나 베이컨을 올린다.
- 선택적으로 치즈를 올려 더 맛을 내거나 그냥 낸다.

완성과 서빙

- 상단 베이글을 하프 베이글로 덮어 준다.
- 식재료를 고르게 퍼지도록 약간 압축해 준다.
- 샌드위치를 잘라서 접시에 올리고, 곁들여진 샐러드나 칩과 함께 서빙한다.

3. 말차 라테, 건강한 녹차의 새로운 변신

말차 라테는 진하면서도 고소한 맛이 특징인 음료로, 집에서도 쉽게 만들 수 있다. 다음은 말차 라테를 만드는 단계별 가이드이다.

재료 준비

- 말차 분말 35g(약 2테이블스푼)
- 우유 240ml(고객의 선호에 따라 일반 우유, 아몬드 밀크, 오트 밀크 등 선택 가능)
- 꿀 또는 메이플 시럽(선택 사항)

만드는 방법

1. 컵에 말차 파우더 30g을 넣는다.
2. 준비한 우유 240ml를 넣어 잘 섞는다.
3. 혼합물을 60도 온도로 맞춘 스팀기에 넣어 거품이 잘 나도록 스팀한다.
4. 스팀이 되는 동안 컵에 따뜻한 물을 부어 예열한다. (따뜻한 음료를

준비할 경우 음료가 미리 식는 것을 방지하도록 예열한다.)

5. 예열된 잔에 스팀한 말차 우유 혼합물을 붓는다.

6. 남아 있는 말차 파우더를 솔솔 뿌려서 완성한다.

4. 샤인 머스캣 에이드, 상큼함이 가득한 여름 음료

샤인 머스캣 에이드는 고급스러운 달콤함과 상큼한 맛이 어우러진 음료로, 카페에서 손쉽게 제공할 수 있으며 고객에게 인기가 많은 음료다. 다음은 샤인 머스캣 에이드를 만드는 방법이다.

재료 준비

- 샤인 머스캣 즙 70ml 또는 샤인 머스캣 포도 150g(송이째 또는 반으로 자른 것)

- 레몬즙 2테이블스푼
- 꿀 또는 설탕 시럽 2-3테이블스푼(단맛 조절)
- 스파클링 워터 190ml
- 얼음 7-9개
- 애플민트 잎(장식용, 선택 사항)

만드는 방법

1. 재료 준비: 샤인 머스캣 포도를 깨끗이 씻어 준비한다. 크기가 큰 경우 반으로 자르거나 적당한 크기로 조절한다.
2. 포도와 레몬즙 혼합: 믹싱 볼에 샤인 머스캣 포도 또는 즙을 70ml 넣고, 레몬즙 2테이블스푼을 추가한다. 이때, 꿀 또는 설탕 시럽 2-3테이블스푼을 추가하여 달콤함을 조절할 수 있다.
3. 혼합물 완성: 혼합한 포도와 레몬즙, 단맛 조절 재료에 스파클링 워터 190ml를 붓는다. 셰이커를 사용하는 경우, 이때 모든 재료를 셰이커에 넣고 잘 흔들어 준다. 셰이커를 사용한다면, 포도는 장식용으로 남겨 두고, 음료만 서빙 글라스에 붓는다.
4. 서빙 준비: 서빙 글라스에 얼음 7-9개를 채운 후, 준비된 음료를 붓는다.
5. 장식: 민트 잎이나 남겨둔 샤인 머스캣 포도를 이용하여 음료를 장식한다.

팁

- 샤인 머스캣 포도 외에도 다른 과일을 추가하거나 조합하여 새로운 맛의 스파클링 에이드를 만들 수 있다. 예를 들어, 청포도나 오렌지

조각을 추가하는 것도 좋다.

음료의 단맛과 산미는 고객의 취향에 따라 조절할 수 있으므로, 요청에 따라 맞춤형으로 제공하는 것도 좋은 서비스가 될 수 있다.

5. 비엔나커피, 크림과 커피의 완벽한 조화

비엔나커피는 부드럽고 달콤한 커피 음료로, 특히 달콤하고 부드러운 생크림이 들어가는 것이 특징이나. 나음은 비엔나커피를 만드는 방법이다.

재료 준비

- 에스프레소 2샷 또는 다크 커피 200ml

- 연유 20ml

- 생크림 60ml

카페, 처음부터 제대로

- 초콜릿 파우더 또는 코코아 파우더(옵션): 마무리 장식을 위해 사용한다.

만드는 방법

1. 커피 준비: 예열된 잔에 미리 준비한 따뜻한 커피 200ml를 담는다.
2. 생크림 준비: 생크림 60ml에 연유 20ml를 넣고 적당한 농도가 될 때까지 믹싱한다. 생크림이 부드럽고 풍성한 상태가 되도록 잘 섞는다.
3. 생크림 올리기: 믹싱한 생크림을 커피 위에 올려 준다. 이때 생크림이 커피에 자연스럽게 떠오르도록 조심스럽게 올린다.
4. 장식: 옵션으로 초콜릿 파우더나 코코아 파우더를 사용하여 생크림 위에 뿌린다.

팁

- 생크림을 올릴 때 숟가락을 사용해 부드럽게 올리면 커피와 잘 어우

러져 더욱 맛있는 비엔나커피를 즐길 수 있다.

연유를 넣어 만든 생크림은 달콤하고 부드러운 맛을 더해 준다. 단맛을 조절하고 싶다면 연유의 양을 조절해 본다.

6. 아보카도 스무디, 신선한 과일의 부드러움

아보카도 스무디는 크리미한 질감과 고유의 부드러운 맛으로 인해 건강 음료로 많은 사랑을 받고 있다. 아보카도는 불포화 지방산이 풍부하여 심장 건강에 좋고, 피부와 머리카락 건강에도 이로운 영양소를 다량 함유하고 있다. 다음은 카페에서 제공할 수 있는 아보카도 스무디 레시피이다.

재료 준비
- 성숙한 아보카도 1개(중간 크기)
- 무가당 아몬드 밀크 또는 다른 식물성 우유 1컵(240ml)
- 바나나 1개(선택 사항으로 단맛과 질감 추가)
- 꿀 또는 메이플 시럽 1테이블스푼(선호에 따라 조절)
- 얼음 1~2개
- 신선한 라임즙 1테이블스푼
- 바닐라 추출물 1/2티스푼

만드는 방법
1. 아보카도를 반으로 자르고 씨를 제거한 후, 과육을 숟가락으로 파내

어 믹서기에 넣는다.

2. 믹서기에 아몬드 밀크, 바나나(사용하는 경우), 꿀, 얼음, 라임즙, 바닐라 추출물을 넣는다.

3. 모든 재료가 고르게 혼합될 때까지 믹서기로 갈아 준다. 질감이 매우 크리미하고 부드러워질 때까지 충분히 블렌딩하는 것이 중요하다.

4. 스무디의 맛을 보고 필요하다면 추가로 꿀이나 라임즙을 조절하여 취향에 맞게 조절한다.

5. 준비된 스무디를 글라스에 붓고, 원하는 경우 신선한 아보카도 조각이나 민트 잎으로 장식하여 제공한다.

7. 딸기 프라푸치노, 신선한 딸기의 달콤한 유혹

딸기 프라푸치노는 상큼하고 시원한 딸기 맛을 즐길 수 있는 인기 있는 음료이다. 아래는 딸기 프라푸치노를 만드는 간단한 방법이다.

재료 준비

- 딸기청 80ml

- 신선한 딸기 몇 개

- 얼음 한 컵

- 우유 250ml

- 휘핑크림(옵션): 마무리로 휘핑크림을 사용하여 토핑할 수 있다.

만드는 방법

1. 블렌더에 딸기청과 얼음을 넣는다.

2. 우유를 넣는다.

3. 모든 재료가 부드럽게 섞이도록 블렌더를 작동시킨다.

4. 준비된 딸기 프라푸치노를 잔에 따르고, 위에 휘핑크림을 올려 준다.

카페, 처음부터 제대로

5. 선택적으로 딸기 조각이나 민트 잎을 토핑으로 올려 더욱 멋지게 만들 수 있다.

8. 솔티드 캐러멜 마키아토, 달콤하면서도 짭짤한 유혹

솔티드 캐러멜 마키아토는 달콤한 캐러멜과 짭짤한 소금의 완벽한 조화로, 커피 애호가들에게 사랑받는 음료 중 하나이다. 이 음료는 에스프레소의 깊은 맛과 함께 캐러멜의 달콤함, 소금의 풍미가 입안 가득 퍼지는 독특한 경험을 제공한다. 다음은 카페에서 솔티드 캐러멜 마키아토를 만드는 방법이다.

재료 준비
- 에스프레소 1샷(약 30ml)
- 우유 150ml
- 캐러멜시럽 2테이블스푼
- 소금 한 꼬집
- 추가 캐러멜시럽과 소금: 컵 가장자리를 장식하기 위함

만드는 방법
1. 컵에 캐러멜시럽 2테이블스푼을 넣는다.
2. 추출한 에스프레소를 시럽이 담긴 컵에 부어 잘 섞는다.
3. 우유를 스팀하여 부드럽고 크리미한 질감을 만든다. 스팀 우유를 에

스프레소가 담긴 컵에 붓는다. 우유를 부을 때는 거품을 위로 끌어올리며 부드럽게 부어 주는 것이 좋다.

4. 소금을 한 꼬집 위에 뿌린다.

5. 휘핑크림을 위에 얹고, 캐러멜소스를 뿌리며, 소금으로 마무리 장식한다.

9. 피스타치오 크림 라테, 고소한 피스타치오의 풍미

피스타치오 크림 라테는 풍부한 피스타치오의 맛과 크림의 부드러움이 조화를 이루는 매력적인 음료이다. 이 음료는 달콤하면서도 고소한 맛이 특징이며, 카페 메뉴에 신선함을 더해 준다. 다음은 카페에서 피스타치오 크림 라테를 만드는 방법이다.

재료 준비

- 에스프레소 1샷(약 30ml)
- 피스타치오 시럽 2테이블스푼
- 우유 150ml
- 휘핑크림 적당량
- 피스타치오 가루 또는 잘게 다진 피스타치오: 장식용
- 바닐라 추출물 1/2티스푼(옵션)

만드는 방법

1. 에스프레소 머신을 사용하여 에스프레소 1샷을 추출한다.
2. 준비된 컵에 피스타치오 시럽 2테이블스푼을 넣는다.
3. 만약 직접 피스타치오 시럽을 만들고 싶다면, 피스타치오 페이스트
   를 물과 설탕과 함께 가열하여 사용할 수 있다.
4. 추출한 에스프레소를 시럽이 담긴 컵에 부어 잘 섞는다. 이때 바닐라

추출물을 추가하면 더욱 풍부한 맛을 낼 수 있다.

5. 우유를 스팀하여 크리미한 질감을 만든 후, 에스프레소와 시럽이 섞인 컵에 붓는다.

6. 휘핑크림을 음료 위에 올린 후, 피스타치오 가루 또는 잘게 다진 피스타치오를 위에 뿌려 장식한다.

10. 레모네이드, 클래식한 상쾌함의 결정판

레모네이드는 상큼하고 시원한 맛으로 많은 사람들에게 사랑받는 음료이다. 카페에서 인기 있는 레모네이드를 집에서도 쉽게 만들 수 있으니, 다음 단계를 따라 해 본다. 이 레시피는 약 4인분 기준이다.

재료 준비

- 레몬 반 개
- 레몬청 60ml
- 탄산수 190ml(선호에 따라 조절 가능)
- 얼음 7-9개
- 민트 잎, 라임 조각, 베리류 등(옵션)

만드는 방법

1. 레몬을 깨끗이 씻고, 반으로 자른다.

2. 레몬청을 넣고 얼음을 넣는다.

3. 탄산수를 넣고 자른 레몬을 넣어 준다.

4. 레모네이드를 완성한다.

5. 민트 잎, 라임 조각, 베리류 등으로 장식할 수 있다.

6장

고객의 참여를 높이는 이벤트

고객의 참여를 높이는 커피 테이스팅 이벤트

훌륭한 커피를 이해하는 것은 그 맛을 아는 것과 직결된다. 커피 테이스팅 이벤트는 고객 참여를 유도하고 브랜드 충성도를 강화하는 데 매우 효과적인 방법이다. 이러한 행사는 고객들에게 새로운 블렌드와 브루잉 기법을 소개하고, 커피에 대한 깊은 이해와 애정을 형성할 수 있는 기회를 제공한다. 성공적인 커피 테이스팅 이벤트를 기획하기 위해서는 몇 가지 중요한 요소를 고려해야 한다.

먼저, 이벤트의 목적을 명확히 설정하는 것이 중요하다. 예를 들어, 새로운 블렌드를 홍보하거나 특정 커피 브랜드의 인지도를 높이거나 고객 충성도를 강화하는 등의 목표를 설정할 수 있다. 목표가 정해지면, 이벤트 일정을 계획하고 필요한 자원과 예산을 배정한다. 이벤트가 열릴 장소는 매우 중요하다. 카페 내부에서 아늑하고 편안한 분위기를 조성하는 것이 좋으며, 공간은 넓고 조용해야 한다. 테이스팅을 위한 특별한 테이블과 좌석도 마련해 주며, 조명과 음악은 분위기를 더욱 돋우는 요소로 작용할 수 있다.

이벤트의 홍보는 소셜 미디어, 이메일 뉴스레터, 카페 내 포스터 등을 통해 이루어져야 한다. 기존 고객뿐만 아니라 잠재 고객도 참여할 수 있도록 다양한 채널을 활용하는 것이 좋다. 참가 신청은 온라인 예약 시스템을 통해 관리하면 편리하다.

이벤트에서는 다양한 블렌드와 브루잉 방법을 소개하는 것이 필요하다. 싱글 오리진 커피, 블렌드 커피, 콜드브루, 에스프레소 등 여러 종류의 커피를 준비해 각 커피의 특징과 브루잉 방법에 대한 설명을 제공한다. 참가자들이 각 커피의 맛과 향을 비교하며 경험할 수 있도록 해야 한다.

커피 전문가나 바리스타를 초청해 커피에 대한 깊이 있는 설명을 제공하고, 테이스팅 과정을 안내하도록 한다. 전문가의 지식과 경험을 통해 참가자들은 커피에 대한 이해를 높일 수 있다. 질의응답 시간을 마련하여 참가자들이 궁금한 점을 해소할 수 있도록 하는 것도 중요하다.

또한, 참가자들이 직접 커피를 브루잉하거나 테이스팅 노트를 작성하는 등의 체험 활동을 포함시키는 것이 좋다. 이러한 활동은 참가자들이 더욱 적극적으로 참여하게 하고 커피에 대한 흥미를 높이는 데 도움이 된다. 테이스팅 후에는 참가자들 간의 의견을 나누는 시간을 갖는 것도 유익하다.

이벤트 종료 후에는 참가자들의 피드백을 수집해 향후 이벤트 기획에 반영하는 것이 중요하다. 참가자들에게 감사 메시지를 보내고, 이후의 이벤트나 프로모션에 대한 정보를 공유하여 지속적인 관계를 유지하도록 한다.

실제 경험으로는, 한 카페에서 진행된 커피 테이스팅 이벤트가 매우 성공적이었다. 이 카페는 다양한 싱글 오리진 커피를 준비하고, 참가자들이 직접 커피를 브루잉해 보는 체험 활동을 포함시켰다. 참가자들은 각 커피의 맛과 향을 비교하며, 전문가의 설명을 통해 커피에 대해 더 잘 이해할 수 있었다. 이벤트 후에는 많은 참가자들이 카페의 충성 고객이 되었으며, 지속적으로 카페를 방문하게 되었다. 이처럼 커피 테이스팅 이벤트는 고객들에게 특별한 경험을 제공하며, 브랜드와 고객 간의 깊은 연결을 형성하는 데 큰 도움이 된다.

커피 페어링, 완벽한 조합을 찾아내는 즐거움

커피 페어링은 커피와 어울리는 다양한 음식이나 디저트를 조합하여 고객에게 풍부한 맛의 조화를 선사하는 것이다. 이로써 고객들은 단순히 커피 한 잔을 마시는 것 이상의 경험을 할 수 있으며, 이는 카페의 매력을 극대화하는 데 큰 도움이 된다.

커피 페어링의 첫 번째 단계는 다양한 커피의 특성을 이해하는 것이다. 각 커피의 원산지, 로스팅 방법, 맛의 프로파일 등을 파악하여 이에 어울리는 음식이나 디저트를 선택해야 한다.

산미가 강한 에티오피아 커피는 신선한 과일이나 가벼운 디저트와 잘 어울리며, 깊고 진한 맛의 인도네시아 커피는 초콜릿 디저트나 고소한 견과류와 조화를 이룬다. 이러한 조합은 고객에게 새로운 미각 경험을 제공하고, 커피의 맛을 한층 더 돋보이게 한다.

또 다른 중요한 요소는 계절과 트렌드를 반영한 메뉴 구성을 고려하는 것이다. 계절별로 다양한 페어링 메뉴를 제공하면 고객들은 항상 새로운 맛을 기대할 수 있다. 예를 들어, 여름에는 상큼한 과일을 활용한 디저트와 아이스커피 페어링을, 겨울에는 따뜻한 파이와 핫 커피 페어링을 제공할 수 있다.

트렌드를 반영한 창의적인 메뉴 개발도 중요한데, 최근 인기 있는 비건 디저트와의 페어링이나 로컬 재료를 활용한 메뉴 등이 좋은 예이다.

커피 페어링은 또한 고객 참여를 유도하는 좋은 방법이기도 하다. 커피와 디저트를 함께 제공하는 테이스팅 이벤트나 워크숍을 열어 고객들이 직접 다양한 페어링을 체험하고 자신의 취향을 발견할 수 있도록 한다면, 이는 고객의 참여도를 높이고 충성도를 강화하는 데 큰 도움이 된다. 이러한 이벤트는 소셜 미디어를 통해 홍보하면 더 많은 고객의 관심을 끌수 있다.

고객의 피드백을 적극 반영하는 것도 커피 페어링의 성공적인 운영에 중요하다. 고객들이 좋아하는 페어링 조합을 파악하고, 이를 메뉴에 반영하여 지속적으로 개선해 나가는 것이 필요하다. 이는 고객 만족도를 높이는 동시에, 카페의 메뉴를 더욱 풍성하게 만드는 데 기여한다.

커피 페어링은 단순한 메뉴 구성 이상의 의미를 갖는다. 이는 카페가 제공하는 총체적인 미식 경험의 일부로서, 고객들에게 특별한 기억을 남길수 있는 중요한 요소다. 따라서 커피 페어링을 통해 고객에게 더 풍부하고 다양한 맛의 조화를 제공함으로써, 카페의 경쟁력을 높이고 고객의 만족도를 극대화할 수 있다.

새로움을 추구하는 것은 때로 독이 될 수도 있다

카페를 운영하면서 새로운 메뉴를 개발하고 교체하거나 인테리어를 수정할 때, 이러한 변화가 때로는 독이 될 수도 있다. 새로운 시도는 고객에게 신선함을 제공하지만, 때로는 기존의 것들을 아쉬워하는 고객들이 생기기 마련이다. 고객들은 종종 익숙한 메뉴와 분위기에 애정을 갖고 있으며, 갑작스러운 변화는 오히려 만족도를 떨어뜨릴 수 있다. 따라서, 새로운 것을 도입하는 데 있어 신중함을 기해야 한다. 변화는 필요하지만, 꾸준함과 전통에 대한 고려가 함께 이루어져야 한다. 예를 들어, 인기 있는 시그니처 메뉴나 고유한 인테리어 요소를 완전히 없애기보다는, 이를 보완하고 개선하는 방향으로 접근하는 것이 좋다.

고객들은 카페에 대한 추억과 경험을 소중히 여기기 때문에, 새로운 변화가 기존의 가치를 훼손하지 않도록 주의해야 한다. 인테리어를 변경할 때도 마찬가지다. 최신 트렌드를 반영하되, 카페의 정체성과 분위기를 유지하는 것이 중요하다. 기존 고객들이 사랑하는 요소를 유지하면서도, 새로운 고객들을 끌어들일 수 있는 신선한 변화를 주는 것이 성공적인 전략이 될 수 있다. 예를 들어, 일부 공간에만 변화를 주거나, 새로운 장식을 추가하면서도 기존의 테마를 유지하는 방법을 고려할 수 있다. 이는 고객들에게 지속적인 만족감을 제공하면서도, 새로운 경험을 선사할 수 있는 균형 잡힌 접근법이다.

새로운 메뉴를 도입할 때도 신중해야 한다. 기존 인기 메뉴를 유지하면서, 시즌별로 새로운 메뉴를 추가하는 방식이 좋다. 이렇게 하면 고객들은 익숙한 메뉴와 함께 새로운 맛을 즐길 수 있어, 만족도가 높아진다.

고객의 피드백을 적극 반영하는 것도 중요하다. 새로운 시도에 대한 고객의 반응을 수집하고, 이를 바탕으로 적절히 조정하는 것이 필요하다. 변화는 카페를 활기차게 만들지만, 그 변화가 고객에게 부담이 되지 않도록 세심하게 조절해야 한다. 결국, 새로움을 추구하는 것은 때로 독이 될 수도 있다. 변화를 통해 발전을 도모하는 것은 중요하지만, 기존의 가치를 간과하지 않고 유지하는 것이 성공적인 카페 운영의 핵심이다. 신중한 접근과 고객 중심의 전략을 통해, 변화와 전통의 조화를 이룬 카페는 지속적으로 사랑받을 수 있을 것이다.

카페, 처음부터 제대로

고객 만족을 높이는 비결, 서비스의 핵심을 파헤치다

탁월한 고객 서비스를 제공하기 위해서는 세심한 배려와 깊은 서비스 마인드가 필수적이다. 우선, 고객의 첫인상을 좌우하는 환영 인사가 중요하다. 고객이 카페에 들어서는 순간, 따뜻하고 친근한 인사말로 맞이하는 것이 좋다. "어서 오세요, 오늘도 좋은 하루 되세요!"와 같은 진심 어린 환영 인사는 고객에게 긍정적인 첫인상을 남기며 편안한 분위기를 조성한다.

다음으로, 개인화된 서비스가 핵심이다. 정기적으로 방문하는 고객의 이름과 선호 메뉴를 기억하고 이를 활용해 대화하는 것은 고객에게 특별한 느낌을 준다. 예를 들어, "고객님, 오늘도 라테로 준비해 드릴까요?"와 같은 작은 배려가 고객 만족도를 크게 높일 수 있다. 또한, 고객이 주문할 때 친절하게 메뉴를 설명하고 추천하는 것도 중요하다. 새로운 메뉴나 인기 메뉴에 대한 정보를 제공하며 고객의 선택을 돕는다면, 고객은 더욱 만족스러운 경험을 할 수 있다.

카페, 처음부터 제대로

신속하고 정확한 서비스 역시 필수적이다. 고객이 주문한 음료와 디저트가 빠르고 정확하게 제공되도록 노력해야 한다. 이를 위해서는 직원 간의 원활한 커뮤니케이션과 효율적인 작업 프로세스가 필요하다. 주문이 밀릴 때에도 고객에게 대기 시간을 공지하고, 신속하게 처리하기 위해 최선을 다해야 한다. 만약 실수가 발생했을 경우, 즉각적으로 인정하고 적절한 보상과 함께 문제를 해결하는 것이 중요하다.

청결하고 편안한 환경을 유지하는 것도 고객 서비스의 중요한 부분이다. 테이블과 의자, 메뉴판 등 모든 시설이 항상 깨끗하게 유지되어야 하며, 정기적으로 청소를 실시해야 한다. 또한, 고객이 편안하게 머물 수 있는 분위기를 조성하기 위해 조명, 음악, 온도 등을 세심하게 관리해야 한다. 조용한 배경음악과 적절한 조명은 고객들이 편안하게 휴식을 취할 수 있는 환경을 제공한다.

적극적인 고객 피드백 수집과 반영도 중요하다. 고객의 의견을 수렴하고 이를 개선하는 과정은 탁월한 고객 서비스를 위한 필수 요소다. 설문지나 온라인 리뷰를 통해 고객의 피드백을 정기적으로 수집하고, 이를 바탕으로 서비스 품질을 개선해야 한다. 예를 들어, 고객이 제안한 새로운 메뉴 아이디어를 반영하거나 불편 사항을 신속하게 수정하는 등의 노력이 필요하다.

마지막으로, 진정성과 공감을 담은 서비스가 탁월한 고객 서비스를 완성한다. 고객의 기분과 상황에 공감하고 진심 어린 관심을 보여 주는 것이 중요하다. 예를 들어, 날씨가 추운 날 따뜻한 음료를 추천하거나, 기분이 좋아 보이는 고객에게 칭찬의 말을 건네는 작은 행동들이 고객에게 큰 감동을 줄 수 있다. 이러한 진정성 있는 서비스는 고객과의 신뢰를 쌓고 장기적인 관계를 형성하는 데 큰 역할을 한다.

이처럼 탁월한 고객 서비스를 제공하기 위해서는 첫인상부터 개인화된 서비스, 신속하고 정확한 응대, 청결한 환경 유지, 적극적인 피드백 반영, 그리고 진정성과 공감을 담은 서비스까지 모두 아우르는 접근이 필요하다. 이러한 요소들을 체계적으로 적용하여 고객에게 최상의 경험을 제공한다면, 카페는 단순한 커피숍을 넘어 고객들에게 사랑받는 특별한 공간으로 자리 잡을 것이다.

똑똑한 경영,
효율적인 카페 운영의 팁

클레임과 컴플레인, 올바르게 이해하고 대처하기

장마철 손님 한 분이 모기 물린 부분을 보여 주며 이거 어떻게 할 것이냐 며 불만 섞인 항의를 한 적이 있다. 이렇듯 카페 경영에서 클레임(Claim)과 컴플레인(Complaint)은 불가피하게 발생하는 부분이며, 이를 효과적으로 관리하는 것은 고객 만족도와 재방문율을 높이는 데 중요한 요소다. 클레 임과 컴플레인은 고객이 서비스나 제품에 대해 불만을 제기하는 것을 의 미하며, 이는 잘못된 주문, 서비스 지연, 제품의 품질 저하 등 다양한 원인 으로 발생할 수 있다. 이를 잘 대처하기 위해서는 신속하고 진심 어린 대 응이 필수적이다.

먼저, 클레임과 컴플레인을 효과적으로 처리하기 위해서는 명확한 정 의와 분류가 필요하다. 클레임은 고객이 불편을 느끼고 그에 대한 보상을 요구하는 상황을 의미하며, 컴플레인은 고객이 단순히 불만을 표현하는 상황을 포함한다. 이러한 정의를 바탕으로 각각의 상황에 맞는 대응 방안 을 마련하는 것이 중요하다. 대처 방법의 첫 단계는 고객의 불만을 경청 하는 것이다. 고객이 불만을 제기할 때, 직원은 고객의 말을 끝까지 경청 하고, 공감하는 태도로 반응해야 한다. 이를 통해 고객은 자신의 불만이 진지하게 받아들여지고 있다는 느낌을 받을 수 있다. 예를 들어, "불편을 겪게 해 드려 죄송합니다. 말씀하신 내용을 주의 깊게 듣고 있습니다."와 같은 반응을 보이는 것이 좋다.

다음으로, 신속한 해결이 중요하다. 고객의 불만을 접수한 즉시 문제를 해결하기 위한 구체적인 조치를 취해야 한다. 예를 들어, 잘못된 주문이 발생한 경우 즉시 올바른 제품을 제공하고, 서비스 지연으로 불만을 제기한 경우 무료 음료 쿠폰이나 할인 혜택을 제공할 수 있다. 신속한 해결은 고객의 불만을 최소화하고, 만족도를 높이는 데 도움이 된다.

명확한 프로세스 구축도 필수적이다. 클레임과 컴플레인이 발생했을 때 이를 처리하는 명확한 절차를 마련하고, 모든 직원이 이를 숙지하도록 해야 한다. 불만 접수, 문제 해결, 고객 피드백 수집 등 단계별로 구체적인 절차를 설정하고, 이를 철저히 준수하도록 해야 한다. 이러한 프로세스는 일관된 서비스 제공을 가능하게 하고, 고객에게 신뢰감을 줄 수 있다.

고객 피드백 수집과 분석도 중요한 부분이다. 클레임과 컴플레인 처리 후에는 고객의 피드백을 수집하여 개선점을 파악하고, 이를 바탕으로 서비스 품질을 향상시켜야 한다. 예를 들어, 컴플레인을 제기한 고객에게 사후 연락을 통해 만족도를 확인하고, 추가적인 개선 사항이 있는지 묻는 것이 좋다. 이를 통해 고객은 자신의 의견이 반영되고 있다는 느낌을 받을 수 있으며, 재방문 의사가 높아질 수 있다.

마지막으로, 적극적인 사후 관리가 필요하다. 클레임과 컴플레인을 처리한 후에도 해당 고객에게 감사의 메시지를 보내고, 향후 방문 시 추가

혜택을 제공하는 등의 사후 관리를 통해 고객 만족도를 높일 수 있다. 예를 들어, "지난번 불편을 끼쳐드린 점 다시 한번 사과드리며, 다음 방문 시 무료 음료를 제공해 드리겠습니다."와 같은 메시지를 보내는 것이 좋다.

장마철에 모기에 물린 손님에게 바르는 모기약을 드리고 청결에 신경을 쓰고 있지만 마침 장마철이라 들어온 모기에 대해 죄송하다는 말씀을 드렸다. 다행히 현명한 직원의 대처로 곤란함을 면할 수 있었다. 이처럼 카페 경영에서 클레임과 컴플레인을 효과적으로 관리하기 위해서는 고객의 불만을 경청하고 신속하게 해결하며, 직원 교육과 명확한 프로세스 구축, 고객 피드백 수집과 분석, 적극적인 사후 관리가 중요하다. 이러한 노력을 통해 고객 만족도를 높이고, 카페의 평판을 긍정적으로 유지할 수 있다.

클레임과 컴플레인을 지혜롭게 대처한 사례로 최근 서울의 유명 카페 '브루클린 라운지'를 들 수 있다. 이 카페는 고급스러운 인테리어와 품질 높은 커피로 유명하지만, 얼마 전 한 고객이 SNS에 불만을 제기하면서 논란이 되었다. 이 고객은 주문한 음료가 지나치게 오래 걸렸고, 제공된 커피의 맛이 기대에 미치지 못했다고 불만을 토로했다. 해당 게시글은 빠르게 확산되며 많은 이목을 끌었고, 이는 카페의 명성에 큰 위협이 될 수 있었다.

브루클린 라운지의 매니저는 즉각적인 대응에 나섰다. 먼저, 해당 게시글에 진심 어린 사과의 댓글을 남기고, 직접 메시지를 보내어 고객의 불편을 해소하고자 했다. 메시지에서는 불편을 겪게 해 드려 죄송하다는 말과 함께, 고객의 입장에서 상황을 충분히 이해하고 있다는 공감의 표현을 담았다. 이어서 고객을 매장으로 다시 초대해 커피 제조 과정을 함께 체험해 볼 것을 제안했다. 이를 통해 고객은 카페의 품질 관리와 서비스 개선 의지를 직접 확인할 수 있었다.

매장 방문 시, 매니저는 고객에게 최고의 바리스타를 배정해 개인 맞춤형 커피를 제공했고, 커피 제조 과정에서 사용되는 원두의 선택부터 로스팅 과정까지 상세히 설명했다. 또한, 무료 음료 쿠폰과 함께 다음 방문 시 특별한 대우를 받을 수 있는 VIP 멤버십을 제공했다. 고객은 이 과정을 통해 자신이 특별하게 대우받고 있음을 느꼈고, SNS에 긍정적인 후기를 남겼다. "브루클린 라운지에서의 두 번째 경험은 놀라웠습니다. 직원들이 정말 친절했고, 커피에 대한 열정을 느낄 수 있었습니다. 강력히 추천합니다!"라는 내용이었다.

브루클린 라운지는 이 사건을 계기로 내부 교육을 강화하고, 서비스 프로세스를 개선하는 데 집중했다. 직원들은 정기적인 워크숍을 통해 고객 응대 방법과 커피 제조 기술을 재점검했고, 매장 운영의 효율성을 높이기 위해 주문 시스템도 개선했다. 예를 들어, 피크 타임 동안 추가 인력을 배치해 주문 처리 속도를 높였고, 고객이 대기하는 동안 편안하게 쉴 수 있는 공간을 마련했다.

이 사례는 클레임과 컴플레인을 지혜롭게 대처함으로써 고객의 신뢰를 회복하고, 오히려 브랜드의 충성 고객으로 만드는 데 성공한 대표적인 예시다. 브루클린 라운지는 신속하고 진심 어린 사과, 체험을 통한 신뢰 회복, 고객 맞춤형 서비스 제공, 그리고 내부 교육 강화와 서비스 개선을 통해 위기를 기회로 전환시켰다. 이는 클레임과 컴플레인을 대처하는 과정에서 고객의 입장을 이해하고, 문제를 해결하는 데 전력을 다하는 것이 얼마나 중요한지를 잘 보여 준다. 고객이 불만을 제기했을 때, 이를 단순히 문제로 보지 않고 개선의 기회로 삼아 적극적으로 대응하면, 오히려 더 강한 신뢰를 쌓을 수 있다.

효율적인 재정 관리 방법

제아무리 손님이 많이 온다 해도 손해를 보는 장사를 한다면 의미가 없다. 원두나 디저트를 직접 만들지 않고 구매해서 판매할 경우, 경제적인 부분을 고려해야 한다. 가격 책정 방법으로는 먼저 원가 분석을 통해 모든 메뉴 항목의 원가를 정확히 계산하고, 원하는 마진을 추가하여 가격을 책정하는 것이 중요하다. 일반적으로 카페 업계에서는 원가의 2배에서 3배 사이를 소매가격으로 설정하는 것이 보통이다. 또한, 경쟁력 있는 가격 설정을 위해 주변 카페들의 가격을 조사하여 시장 내에서 적절한 수준을 결정하고, 고객이 가격에 대해 느끼는 가치와 만족도를 고려해야 한다. 제품이나 서비스가 고객에게 제공하는 가치를 기준으로 가격을 설정하는 가치 기반 책정도 중요한데, 고품질의 재료, 독특한 메뉴, 특별한 고객 경험 등은 더 높은 가격을 정당화할 수 있다. 심리적 가격 책정도 효과적인 방법 중 하나로, 고객의 구매 결정에 영향을 미치는 심리적 요인을 고려하여 가격을 설정한다. 예를 들어, 10원 대신 9.99원으로 가격을 설정하는 방법이 있다.

비용 관리는 재고 관리 최적화를 통해 낭비를 최소화하고, 재료의 신선도를 유지하는 것이 중요하다. 정기적인 재고 점검과 주문 관리는 필수

카페, 처음부터 제대로

적이다. 변동 비용(재료비, 직원 근무 시간 등)과 고정 비용(임대료, 유틸리티 비용 등)을 명확히 구분하고 각각을 효과적으로 관리하는 것도 중요하다. 에너지 효율성을 높이기 위해 에너지 효율이 높은 장비를 사용하고, 에너지 소비를 줄일 수 있는 방법을 모색하여 운영 비용을 절감할 수 있다. 직원 근무 스케줄을 최적화하여 인건비를 절감하는 것도 필요하다. 피크 타임과 비수기에 따라 유연하게 근무 인력을 조정하는 것이 중요하다.

가격 책정 방법과 비용 관리는 카페 운영의 핵심적인 부분으로, 이 두 가지를 올바르게 관리함으로써 카페는 수익성을 높이고, 경쟁력을 유지하며, 장기적인 성공을 달성할 수 있다. 성공적인 가격 책정 방법과 비용 관리는 카페가 고객에게 제공하는 가치를 반영하고, 동시에 효율적인 운영을 가능하게 한다.

카페, 처음부터 제대로

운영 비용 절감과 수익 극대화의 팁

여름철 새로운 음료를 론칭하면서 재료와 기구를 구입한 경험이 있다. 음료를 출시하면 다양한 재료와 도구가 필요하기 마련인데, 현장 경험이 부족하면 재료를 낭비하는 경우가 발생한다. 처음에 재료를 주문할 때 많이 필요하다는 생각에 과도하게 주문하게 되고, 계절이 지나거나 이벤트가 종료되면 남은 재료로 인해 손해를 보게 된다. 이는 음료뿐만 아니라 인테리어 측면에서도 동일하다. 크리스마스나 핼러윈과 같은 이벤트 준비 시에도 재료나 장식 등을 과다하게 구입하여 손해를 보는 경우가 많다. 다양한 측면에서 비용을 효과적으로 관리하고 이익을 극대화하기 위한 구체적인 방법은 다음과 같다.

첫째, 효율적인 재고 관리 시스템을 구축하여 과도한 재고를 줄이고 재고 부족으로 인한 매출 손실을 방지한다. JIT(Just-In-Time) 시스템을 도입하면 재고를 최소화하고 저장 공간 및 관련 비용을 절감할 수 있다. JIT 시스템은 필요한 자재와 부품을 필요할 때 필요한 만큼만 공급하는 관리 방식이다. 이 시스템의 주요 목표는 재고를 최소화하고 생산 효율성을 극대화하는 것이다. 판매 예측 도구를 사용해 수요를 예측하고, 정기적인 재고 점검을 통해 손상이나 유통기한이 지난 제품을 최소화한다.

둘째, 에너지 효율이 높은 장비를 사용하고 에너지 사용 패턴을 분석하여 불필요한 소비를 줄인다. LED 조명으로 교체하고 에너지 절약형 HVAC 시스템을 설치하며, 조명과 장비 사용을 최소화한다. 이렇게 하면 전기료를 절감하고 환경 보호에도 기여할 수 있다.

셋째, 업무 프로세스를 정기적으로 검토하고 개선하여 비효율적인 작업을 제거한다. 자동화할 수 있는 작업은 기술 솔루션을 활용해 인건비를 절감하고, 주문 처리, 결제 시스템, 고객 관리 등의 업무를 디지털화하고 자동화하여 작업 시간을 단축하고 오류를 줄인다. 이를 통해 운영 효율성을 높이고, 직원들이 더 가치 있는 업무에 집중할 수 있게 된다.

넷째, 핵심 역량 외의 업무는 비용 효율적인 아웃소싱을 생각한다. 마케팅, 회계, IT 지원 등의 비핵심 업무를 전문 업체에 아웃소싱하고, 비슷한 비즈니스와 협력해 마케팅 비용을 공유하거나 공동 구매를 통해 구매 비용을 절감할 수 있다. 지역 비즈니스 그룹과 협력하여 대량 구매를 통해 할인 혜택을 받는 것도 좋은 방법이다.

다섯째, ROI(투자 대비 수익)가 높은 마케팅 채널에 집중한다. 소셜 미디어, 이메일 마케팅, 콘텐츠 마케팅과 같은 비용 효율적인 디지털 마케팅 방법을 우선적으로 활용하고 마케팅 캠페인의 성과를 정기적으로 분석해 가장 효과적인 채널과 메시지를 식별한다. 고객 참여도가 높은 콘텐츠를 중심으로 마케팅 방법을 조정하여 최대한의 효과를 얻는다.

비용 절감과 이익 극대화 방법은 재정적 건전성을 유지하고 경쟁 우위를 확보하는 데 필수적이다. 이러한 방법을 지속적으로 모니터링하고 비즈니스 환경의 변화에 따라 조정하는 유연성을 가지는 것이 중요하다. 이렇게 하면 손실을 최소화하고, 안정적이고 지속 가능한 비즈니스 운영이 가능해진다.

테이크아웃과 배달 서비스 강화

드립 커피와 감성카페를 운영하면서 배달에 대해 생각해 본 적이 없었는데, 어느 날 근처 국밥집 사장님께서 조언을 해 주셨다. 초보적이고 근시안적인 생각이 안타까웠는지 배달의 필요성을 강조하셨다. 처음에는 그저 흘려들었지만, 다른 배달이 잘되는 카페의 방법을 벤치마킹해서 시대에 맞는 발상을 하라는 것이었다. 배달을 하려면 배달앱을 사용하고 포장 등을 준비해야 했지만, 그 사장님은 배달을 통해 단돈 천 원이라도 더 남는다면 안 할 이유가 없다고 하셨다. 무엇보다도 배달이 광고가 된다고 말씀하셨다. 그 말에 솔깃해서 배달 서비스를 도입했는데, 결과는 의외로 좋았다. 특히 광고 효과가 있었다.

최근 소비자들의 라이프스타일 변화와 코로나19 팬데믹의 영향으로 테이크아웃과 배달 서비스에 대한 수요가 급증했다. 고객의 편의를 최대한 고려한 테이크아웃과 배달 서비스를 제공함으로써 수입도 올리고, 광고 효과도 누릴 수 있다.

먼저, 효율적인 테이크아웃 시스템을 구축해 고객이 빠르고 편리하게 음료와 음식을 주문하고 가져갈 수 있도록 주문 프로세스를 간소화하고, 대기 시간을 최소화해야 한다. 이를 위해 모바일 주문 애플리케이션을 도

카페, 처음부터 제대로

입해 고객이 미리 주문하고 결제할 수 있게 함으로써 편리성을 제공할 수 있다. 테이크아웃 전용 픽업 존을 마련해 고객이 혼잡 없이 신속하게 주문한 음료를 수령할 수 있도록 하는 것도 좋은 방법이다.

배달 서비스 강화는 카페의 매출을 극대화하는 중요한 수단이 된다. 배달 전문 업체와의 제휴를 통해 배달 서비스를 시작하거나, 자체 배달 시스템을 구축해 고객에게 직접 배달하는 방식을 도입할 수 있다. 특히, 배달 전문 업체와의 협력은 초기 투자 비용을 절감하고, 빠른 시일 내에 배달 서비스를 시작할 수 있는 장점이 있다.

배달 메뉴를 구성할 때는 이동 중에도 품질이 유지될 수 있는 메뉴를 선정하는 것이 중요하다. 예를 들어, 커피, 샌드위치, 샐러드 등은 배달에 적합한 메뉴로 고려될 수 있다.

또한, 포장재의 품질도 중요하다. 음료와 음식이 배달 중에 변형되거나 누수가 발생하지 않도록 견고하고 위생적인 포장재를 사용하는 것이 필요하다. 고객에게 신선하고 맛있는 음식을 제공하는 것은 물론, 환경을 고려한 친환경 포장재를 사용하는 것도 최근 트렌드에 부합한다.

테이크아웃과 배달 서비스를 효과적으로 홍보하는 것도 중요하다. 소셜 미디어, 웹사이트, 모바일 앱 등을 활용해 고객에게 테이크아웃과 배달 서비스의 편리성과 혜택을 알리고, 첫 주문 고객에게 할인을 제공하는 등의 프로모션을 실시할 수 있다. 또한, 정기적인 피드백을 통해 서비스 품질을 지속적으로 개선하는 것도 필요하다. 고객의 의견을 적극 반영해 서비스의 문제점을 보완하고, 더욱 만족스러운 경험을 제공할 수 있도록 노력해야 한다.

테이크아웃과 배달 서비스 강화는 카페의 운영 효율성을 높이고, 고객 만족도를 극대화하는 중요한 전략이다.

카페, 처음부터 제대로

카페 비즈니스 확장, 새로운 도전에 나서라

최근 동남아시아 최대 기업인 졸리비가 커피 브랜드 컴포즈 커피를 인수했다는 소식을 접했다. 사업을 하는 사람이라면 누구나 꿈꾸는 일이 아닐까 싶다. 이러한 사례는 종종 뉴스에서 접할 수 있다. 시작은 미약했으나 끝은 창대하다. 대부분의 성공한 기업이 그렇다. 작은 가게에서 큰 성과를 이룬 많은 기업들처럼, 비즈니스 확장과 프랜차이즈 모델 탐색은 비즈니스 성장의 다음 단계로 나아가고자 할 때 중요하다.

확장 계획에서는 먼저 타깃 시장의 잠재력, 고객 수요, 경쟁 상황을 평가하여 확장 가능성을 분석해야 한다. 성공적인 시장 진입을 위해 지역별 특성과 고객 선호도를 이해하는 것이 중요하다. 이때 확장에 필요한 자금을 조달하기 위한 계획을 세워야 하는데, 자금 조달 옵션으로는 은행 대출, 투자자 유치, 재투자 등이 있다. 자금 사용 계획을 명확히 하고, 재정 건전성을 유지하는 것이 필수적이다. 또한, 확장된 비즈니스에서도 일관된 품질과 서비스를 유지하기 위해 운영 시스템과 프로세스를 표준화해야 한다. 이는 브랜드 이미지를 강화하고, 효율적인 운영을 보장하는 데 기여한다.

새로운 지역에서의 성공 가능성을 높이기 위해서는 전략적인 위치 선정이 중요하다. 시장 조사 결과를 바탕으로 유동 인구가 많고 타깃 고객에게 접근하기 좋은 위치를 선택한다.

프랜차이즈 모델 탐색에서는 프랜차이즈 운영 매뉴얼, 훈련 프로그램, 마케팅 지원 등 프랜차이즈에 필요한 모든 자료와 시스템을 개발한다. 이는 프랜차이즈 사업자가 브랜드의 표준에 따라 일관된 운영을 할 수 있도록 지원한다. 또한 프랜차이즈 비즈니스를 시작하기 전에 필요한 법적 문서 준비와 규제 검토를 완료해야 한다. 프랜차이즈 계약서, 상표 등록, 비즈니스 라이선스 등이 포함된다.

카페, 처음부터 제대로

브랜드의 가치와 비전을 공유할 수 있는 적합한 프랜차이즈 사업자를 선정하는 것도 중요하다. 성공적인 파트너십을 위해서는 사업자의 역량, 경험, 자금력 등을 종합적으로 평가해야 한다. 프랜차이즈 사업자에게 지속적인 운영 지원과 교육을 제공하고, 정기적인 커뮤니케이션을 통해 운영상의 문제를 해결하며, 브랜드 가이드라인 준수를 감독한다.

비즈니스 확장과 프랜차이즈 모델 탐색은 신중한 계획과 준비가 필요하다. 시장 조사, 자금 조달, 운영 시스템의 표준화, 적합한 파트너 선정 등 각 단계에서 체계적인 접근 방식을 취하면, 성공적인 비즈니스 확장과 프랜차이즈 운영이 가능하다.

지속 가능성과 환경을 고려한 운영 방법

지속 가능한 운영을 위한 친환경적 접근은 비즈니스가 환경에 미치는 영향을 최소화하면서 장기적인 성공을 달성하는 데 중요하다. 카페 운영에서도 이러한 접근 방식을 적용할 수 있으며, 다음과 같은 구체적인 방법을 통해 실현할 수 있다.

첫째, 일회용 플라스틱 사용을 줄이고 생분해성 또는 재활용 가능한 소재로 만든 포장재를 사용한다. 종이 빨대, 사탕수수나 옥수수로 만든 컵 및 뚜껑, 재활용 가능한 종이 백 등이 있다. 커피를 포장 판매할 때 재활용 가능한 유리병이나 알루미늄 캔을 사용하고, 고객이 자신의 컵을 가져오면 할인 혜택을 제공하는 프로그램을 운영할 수 있다.

둘째, 에너지를 많이 소비하는 장비 대신 에너지 효율 등급이 높은 장비를 선택한다. 이는 장기적으로 에너지 비용 절감과 온실가스 배출 감소에 기여한다. 에너지 효율이 높은 에스프레소 머신, 냉장고, 식기세척기 등을 선택하고 정기적인 유지보수를 통해 최적의 성능을 유지한다.

셋째, 원두 및 기타 재료를 지속 가능한 방식으로 재배하고 공정하게 거래되는 소스에서 구매한다. 이는 환경 보호뿐만 아니라 지역 커뮤니티 지원에도 기여할 수 있다. 공정 무역 인증 커피, 유기농 차, 현지 농가에서

카페, 처음부터 제대로

직접 공급받은 신선한 재료를 사용하는 것이 좋은 예이다.

넷째, 폐기물을 최소화하고 재활용을 극대화하는 방법을 모색한다. 이는 카페 운영 과정에서 발생하는 쓰레기 양을 줄이고 자원을 효율적으로 사용하는 데 도움이 된다. 커피 찌꺼기를 퇴비화하거나 지역 농가에 비료로 기부하고, 재활용이 가능한 폐기물은 적절히 분리하여 재활용한다.

다섯째, 카페의 인테리어 및 디자인에 자연 소재를 사용하고 환경에 미치는 영향을 최소화하는 재료와 기법을 선택한다. 재활용 목재, 천연 석재, 비독성 페인트를 사용하여 카페를 꾸미고, 실내 식물을 활용해 공기 정화 및 자연스러운 분위기 조성에 기여한다.

지속 가능한 운영을 위한 이러한 친환경적 접근은 비단 환경 보호에만 기여하는 것이 아니라 고객의 만족도를 높이고 카페의 브랜드 가치를 강화하는 데도 중요한 역할을 한다. 고객들은 점점 더 지속 가능성을 중요하게 생각하고, 이러한 가치를 실천하는 비즈니스를 선호하는 추세이다. 따라서 지속 가능한 운영 방식은 비즈니스의 경쟁력을 강화하는 중요한 방법이 될 수 있다.

위기를 기회로 극복한 순간들

위기 극복과 성장으로 이어진 실제 이야기로, 서울 강남에 위치한 '라운드랩 카페'의 사례는 주목할 만하다. 라운드랩 카페는 팬데믹 초기, 다른 많은 카페들처럼 영업 제한과 고객 감소로 큰 어려움을 겪었다. 매출이 급격히 줄어들자 경영진은 신속한 대응이 필요함을 깨닫고 다양한 전략을 모색했다. 먼저, 비대면 서비스 강화를 위해 배달 서비스와 테이크아웃 옵션을 확대했다. 고객들이 집에서도 편리하게 고품질의 커피를 즐길 수 있도록 배달 메뉴를 최적화하고, 온라인 주문 시스템을 구축하여 효율성을 높였다.

또한, 라운드랩 카페는 위생 관리와 고객 안전을 최우선으로 삼았다. 모든 직원에게 철저한 위생 교육을 실시하고, 매장 내 소독 절차를 강화했다. 고객이 안심하고 방문할 수 있도록 테이블 간 거리를 넓히고, 손 소독제와 일회용 마스크를 제공하는 등 철저한 방역 수칙을 준수했다. 이러한 노력은 고객들에게 신뢰감을 주었고, 팬데믹 속에서도 꾸준히 방문하는

카페, 처음부터 제대로

충성 고객층을 형성할 수 있었다.

라운드랩 카페는 또한, 새로운 비즈니스 모델을 도입하여 매출을 다각화했다. 홈 카페 트렌드에 발맞춰, 자체 브랜드의 커피 원두와 브루잉 키트를 출시했다. 고객들은 집에서 라운드랩의 커피를 직접 즐길 수 있게되었고, 이는 온라인 매출 증가로 이어졌다. 더불어, 커피 원두 구독 서비스를 도입하여 정기적으로 신선한 원두를 배송함으로써 안정적인 수익원을 확보했다.

고객과의 소통도 강화했다. 소셜 미디어를 적극 활용해 고객들과의 소통을 지속하고, 다양한 온라인 이벤트와 프로모션을 진행했다. 예를 들어, 인스타그램 라이브를 통해 바리스타가 커피 제조 과정을 시연하고, 고객들이 실시간으로 질문할 수 있는 시간을 마련했다. 이는 고객들에게 긍정적인 반응을 얻었으며, 카페에 대한 관심과 애정을 높이는 계기가 되었다.

라운드랩 카페는 이러한 위기 극복 전략을 통해 오히려 팬데믹 이전보다 더 강한 브랜드로 성장했다. 매출이 회복되고 안정화되었으며, 새로운 사업 영역에서도 성과를 거두었다. 팬데믹이라는 큰 위기 속에서도 신속하고 유연한 대처와 창의적인 비즈니스 모델 도입, 철저한 위생 관리, 고객과의 소통 강화 등을 통해 어려움을 극복하고 성장을 이룬 라운드랩 카페의 사례는 많은 카페 운영자들에게 귀감이 된다.

이처럼 위기를 기회로 바꾼 라운드랩 카페의 사례는 창의적이고 유연한 대응이 얼마나 중요한지를 잘 보여 준다. 급변하는 환경 속에서도 고객의 안전과 만족을 최우선으로 생각하며, 새로운 기회를 모색하는 자세가 성공적인 위기 극복과 성장으로 이어질 수 있다는 것을 명확히 입증했다.

앞서 언급했던 카페 '프릴츠'에도 위기는 있었다. 프릴츠는 총 5명의 창업자가 공동으로 세운 회사다. SJ 리브레 출신의 그린빈 바이어 김병기, 김도현 로스터, 박근하 바리스타, 엘 카페 출신의 송성만 바리스타, 제빵 업계에서 천재 소리를 듣는 허민수 셰프가 공동으로 창업했다. 커피 업계 에서는 이들을 '어벤저스'라고 불렀다. 그런데 초창기에는 사람이 오지를 않았다고 한다. 옛날 건물에 대충 카페라는 임시 간판만 하고 있으니, 사 람들이 몰리지 않았다. 김병기 대표는 그래도 자신감은 있었다고 한다. 이 공간에 사람들이 발을 들이기만 한다면, 그 사람들을 설득할 자신은 있었다고 한다. 실제로 초창기 프릳츠에서 빵과 커피를 맛본 사람들은 칭 찬을 아끼지 않았다고 했다. 하긴, 최고와 최고가 만났으니 그럴 만도 했 다. 어쨌든 공간에는 자신이 있었다.

카페, 처음부터 제대로

문제는 사람을 끌어들이는 것이었다. 사람들을 이 공간 안에 들여놓아야만 했다. 이 문제를 해결하는 데에는 '프릳츠 로고'가 큰 역할을 했다. 커피와 아무 상관 없는 물개에 커피 회사라고 적힌 영어 로고. 종잡을 수 없는 카페였다. 그러나 이 로고는 엄청나게 큰 성장을 이룬다. 프릳츠라는 독특한 이름, 게다가 물개라니. 사람들은 어디서도 본 적 없는 로고에 마음을 빼앗긴 것이다. 김병기 대표도 이런 걸 원했다고 한다. 이왕이면 커피와 관련이 하나도 없는 동물이면 좋겠고, 이름도 인터넷에 검색하면 나오지 않는 걸로 쓰길 원했다. 김병기 대표는 '새로운 시도'를 통해 위기를 극복해 나간 것이다.

프릳츠 로고, 빵과 커피가 맛있다는 입소문이 퍼져 사람들은 가게 안으로 들어오기 시작했다. 여기서 카페 내부의 한국적이고 레트로한 인테리어가 사람들의 마음을 한 번 더 사로잡는다. 커피 잔부터 의자 하나하나까지 통일된 톤과 분위기를 연출하고 있었기에, 매료되지 않을 수 없었던 것이다. 카페의 콘셉트, 디자인이 주는 매력에 빵과 커피까지 맛있다? '위기'가 '기회'가 되는 전환점이 된 것이다.

실전에서 얻은 교훈

　성공적인 카페 경영의 비밀과 개인적인 경험, 그리고 앞으로의 비전에 대해 살펴보기 위해 도시의 한적한 골목에 위치한 오래된 매력적인 카페를 운영하는 김 사장과 대화를 나눈 적이 있다. 김 사장은 지역 커뮤니티와 긴밀히 연결된 그의 카페를 통해 사람들에게 위로와 영감을 주고자 하는 비전을 가지고 있었다.

　김 사장은 언제나 커피가 사람들을 모으고 대화를 나누게 만드는 힘이 있다고 믿어 왔다고 말했다. 그의 목표는 단순히 커피를 판매하는 것이 아니라, 사람들이 공간을 통해 자신의 이야기를 나누고 새로운 영감을 얻을 수 있는 장소를 만드는 것이었다. 이런 비전을 가지고 카페를 열었다고 한다.

　카페를 운영하면서 가장 중요하게 생각하는 가치로는 공동체, 지속 가능성, 그리고 창의성을 꼽았다. 고객과 직원 모두가 커뮤니티의 일원으로 느끼도록 하고 싶어 하며, 환경에 미치는 영향을 최소화하기 위해 노력한

　　　　　　　　　　　　　카페, 처음부터 제대로

다고 설명했다. 또한 창의적인 메뉴와 공간 디자인을 통해 고객에게 새로운 경험을 제공하고자 한다고 덧붙였다.

성공적인 카페 운영의 비결을 묻자, 그는 진정성을 가지고 고객과 소통하는 것이 중요하다고 강조했다. 고객의 피드백을 경청하고 그들의 요구에 주의 깊게 반응하는 것이 필수적이라고 했다. 팀원들과의 긴밀한 협력도 성공의 열쇠라고 말했다. 직원들이 자신의 업무에 자부심을 느끼고 팀의 일원으로서 가치를 느낄 수 있도록 하는 것이 중요하다는 것이다. 마지막으로, 지속 가능한 운영을 위해 끊임없이 혁신하고 새로운 아이디어를 시도하는 용기를 가져야 한다고 강조했다.

앞으로의 계획이나 목표에 대해 김 사장은 더 많은 지역 사회 활동에 참여하고 카페를 문화와 예술이 만나는 공간으로 만드는 것이 목표라고 밝혔다. 지역 예술가들과 협력하여 전시회를 개최하거나 창작 워크숍을 운영하는 등 커뮤니티와 더 깊이 연결되고 싶다고 했다. 또한 지속 가능한 소싱과 운영 방식을 개선하여 환경에 미치는 영향을 줄일 계획이라고 전했다.

후배 카페 운영자들에게 조언을 한다면, 그는 자신만의 이야기와 비전을 가지고 시작하라고 말했다. 모든 비즈니스는 어려움에 직면하게 되지만, 자신의 가치와 고객에게 제공하고자 하는 경험을 믿는다면 그 어려움을 극복하고 성장할 수 있다고 했다. 또한 커뮤니티와의 연결을 소중히 여기고 직원들과 긍정적인 관계를 유지하는 것이 중요하다고 조언했다.

김 사장은 자신의 열정과 비전을 바탕으로 커뮤니티 중심의 독특한 카페를 만들어 내며 지속 가능하고 창의적인 비즈니스 모델을 추구하길 원한다. 그의 이야기는 예비 카페 창업자들에게 영감을 주며, 비즈니스 운영에 있어 가치와 목표의 중요성을 일깨워 준다.

카페 허가 시 알아야 할 필수 정보

카페를 허가받을 때 일반음식점과 카페의 차이는 중요한 고려 사항이다. 일반음식점과 카페는 조리 여부와 제공할 수 있는 음식의 종류에 따라 허가 조건이 다르다.

일반음식점으로 허가를 받으면 다양한 음식의 조리가 가능한데, 이를 위해 주방 시설과 위생 관리 시스템을 갖춰야 한다. 보건 당국의 엄격한 검사를 통과해야 하며, 음식 조리에 필요한 모든 장비와 설비를 구비하고, 종사자들이 식품 위생 교육을 이수해야 한다. 일반음식점 허가를 받으면 다양한 메뉴를 제공할 수 있어 고객의 선택 폭을 넓힐 수 있지만, 초기 투자 비용이 높고 운영 관리가 복잡할 수 있다.

반면, 카페로 허가를 받을 경우, 조리 시설에 대한 요구 사항이 상대적으로 적다. 음료를 만들기 위한 기계와 간단한 베이커리 제품을 구울 수 있는 오븐 정도로 충분하다. 이는 초기 투자 비용을 줄이고, 운영을 단순화하는 데 도움이 된다. 그러나 카페는 제공할 수 있는 메뉴가 제한적이기 때문에, 메뉴 개발과 차별화를 통해 경쟁력을 갖추는 것이 중요하다.

카페에서 간단한 와인이나 수입 맥주를 판매하거나 브런치를 제공하는 경우도 있다. 이런 경우, 추가적인 허가 조건을 잘 살펴봐야 한다. 주류를

카페, 처음부터 제대로

판매하기 위해서는 별도의 주류 판매 허가가 필요하며, 이는 지역마다 규제가 다를 수 있다. 브런치를 제공할 경우, 간단한 조리 이상의 음식이 포함될 수 있으므로, 일반음식점 허가가 필요할 수도 있다.

카페와 일반음식점의 허가를 받기 전, 자신의 비즈니스 모델에 맞는 허가 유형을 선택하는 것이 중요하다. 예를 들어, 베이커리 카페를 운영하고자 한다면, 카페 허가로도 충분할 수 있지만, 보다 다양한 음식 메뉴를 제공하고자 한다면 일반음식점 허가를 고려해야 한다. 이와 같은 결정은 초기 투자, 운영 방식, 장기적인 비즈니스 전략 등을 종합적으로 고려하여 내려야 한다.

결론적으로, 카페를 허가받을 때는 일반음식점과 카페의 조리 가능 여부와 주류 판매 허가 조건을 명확히 이해하고, 자신의 비즈니스 모델에 가장 적합한 허가 유형을 선택해야 한다. 이는 향후 운영 효율성과 성공적인 비즈니스 운영에 중요한 영향을 미친다. 최신 자료를 반영하여, 조리 시설과 위생 기준을 철저히 준수하고, 고객의 기대에 부응하는 메뉴와 서비스를 제공함으로써, 성공적인 카페 경영을 이끌어 갈 수 있을 것이다.

카페 운영에 필요한 법률

　카페를 임대하거나 매도할 때 권리금에 대한 부동산 수수료 문제를 접할 수 있다. 일부 사람들은 통상적으로 5-10%를 지불한다고 알고 있지만, 이 정보를 처음 듣는 사람들도 있다. 그렇다면 과연 무엇이 정답일까? 현재 법적으로 권리금에 대한 부동산 수수료는 존재하지 않는다. 만약 있다면 이는 법적 외 다른 이유 때문일 것이다.

　카페를 비롯한 자영업을 시작하려면 다양한 법률 및 허가 정보를 숙지하는 것이 도움이 된다. 이는 비즈니스의 합법성을 보장하고, 운영 중 발생할 수 있는 법적 문제를 예방하는 데 필수적이다. 업종별로 요구되는 법률과 허가 사항이 다를 수 있으므로, 정확한 정보는 해당 지역의 관련 기관에서 확인하는 것이 좋다.

　카페 운영에 필요한 기본적인 법률 및 허가 정보는 다음과 같다. 먼저, 카페를 운영하려면 사업자 등록증을 발급받아야 한다. 또한, 메뉴에 따라 휴게음식점 또는 일반음식점 허가를 받아야 한다. 이는 카페가 고객에게 안전한 식음료를 제공할 수 있는 환경과 시스템을 갖추고 있음을 보장한다.

카페와 같은 식음료 서비스 업체는 위치와 사업 유형에 따라 영업허가증을 취득해야 할 수 있으며, 이는 카페 운영에 필요한 여러 조건들이 지역 규정 및 법률에 부합함을 증명한다. 특히 주방에서 식음료를 취급하는 직원은 정기적인 건강검진을 받고, 해당 증명서를 제출해야 한다. 이는 식품의 안전과 위생을 유지하는 데 필요하다. 고객과 직원의 안전을 위해 소방 및 안전 규정을 준수해야 하며, 이에 따라 소방서로부터 안전 관련 허가증을 취득하고 정기적인 안전 점검을 받아야 한다.

카페 내에서 음악을 재생할 경우, 저작권 요금을 지불하고 관련 허가를 받아야 한다. 이는 저작권자에게 합당한 보상을 제공하기 위한 것이다. 일부 지역에서는 환경 보호를 위한 특별한 규제가 있을 수 있으며, 예를 들어 일회용 플라스틱 사용 금지, 폐수 처리 기준 등이 이에 해당한다.

카페를 개업하기 전에는 이러한 법률 및 허가 사항에 대해 철저히 조사하고 준비하는 것이 중요하다. 필요한 경우, 법률 전문가의 상담을 받는 것도 좋은 방법이다. 이는 비즈니스가 법적 문제 없이 원활하게 운영될 수 있도록 보장하며, 장기적으로 비즈니스의 신뢰성과 안정성을 강화하는 데 기여한다.

추가적으로 고려해야 할 사항으로는 지적 재산권 보호가 있다. 카페의 브랜드 이름, 로고, 독특한 메뉴 이름 등은 지적 재산권으로 보호받을 수 있으며, 이를 통해 경쟁업체가 비슷한 이름이나 상표를 사용하는 것을 방지할 수 있다. 상표 등록을 통해 브랜드 자산을 보호하는 것을 고려해야 한다.

임대 계약, 직원 고용 계약, 공급업체와의 계약 등 모든 비즈니스 거래에 있어서 계약서 작성은 필수적이다. 이는 양 당사자의 권리와 의무를 명확히 하고, 가능한 분쟁을 예방하는 데 도움이 된다. 사업장 재산 보험, 고용주 책임 보험, 제3자 배상 책임 보험 등 다양한 유형의 보험을 통해 비즈니스와 직원을 다양한 위험으로부터 보호할 수 있으며, 적절한 보험 가입은 예상치 못한 사고나 손실 발생 시 비즈니스의 재정적 안정성을 유지하는 데 중요하다.

정확한 세무 신고와 회계 관리는 비즈니스의 법적 준수뿐만 아니라 재정 건전성 유지에 필수적이다. 전문 회계사나 세무 전문가와 상담하여 비즈니스의 세금 관련 의무를 정확히 이행하고, 재무 보고서를 적절히 관리해야 한다. 직원을 고용할 경우, 최저임금, 근로시간, 휴가 등 근로 관련 법규를 준수해야 한다. 이는 직원의 권리를 보호하고, 근로 조건에 대한 분쟁을 예방하는 데 중요하다.

카페 개업과 운영 과정에서 필요한 법률 및 허가 정보에 대한 준비는 비즈니스를 안정적으로 운영하고, 법적 리스크를 최소화하는 데 중요한 역할을 한다. 이러한 준비 과정은 복잡하고 시간이 소요될 수 있으나, 비즈니스의 성공과 지속 가능성을 위한 필수적인 투자이다. 따라서 관련 법규에 대한 지속적인 교육과 전문가의 조언을 구하도록 한다.

7장. 똑똑한 경영, 효율적인 카페 운영의 팁

159

유지 보수 문제 해결과 책임 소재에 대한 대처법

100평이 넘는 단독 건물에서 카페를 운영하던 중, 천장에서 물이 새는 큰 문제가 발생했던 경험이 있다. 하수도가 막히거나 겨울철에 수도가 동파되는 경우에는 세입자인 내가 직접 공사를 해야 한다는 것은 알고 있었지만, 건물의 기초에 해당하는 천장에서 물이 새는 상황에서는 건물주의 도움을 받아야 한다고 생각했다. 그러나 이 과정이 쉽지 않았다. 이로 인해 부동산 변호사의 자문을 받기도 했다. 많은 카페 운영자들이 이러한 문제를 겪을 수 있으며, 이에 대한 적절한 대처 방법을 알아보는 것이 중요하다. 카페에서 발생할 수 있는 주요 시설 문제들과 그에 대한 대응 방법, 그리고 임대업자와 임차인 간의 책임 분담에 대해 설명하겠다.

먼저, 시설 문제 발생 시 즉각적인 대응이 필요하다. 냉장고에서 물이 새거나 하수도가 막혔을 때, 문제의 원인을 신속하게 파악해야 한다. 초기 대응으로는 물의 공급을 차단하고, 해결되지 않는 경우에는 가까운 수리 업체에 연락하여 긴급 수리를 요청한다. 특히, 전기나 가스와 같은 안전 관련 문제 발생 시에는 즉시 사용을 중단하고 전문가의 도움을 받는 것이 필수적이다. 문제의 원인과 안전 점검을 철저히 수행해야 한다.

문제가 발생했을 때 책임 소재를 파악하는 것도 중요하다. 우선 임대 계약서의 관련 조항을 확인해 보자. 대부분의 경우, 구조적 문제나 건물의 기본 시설 관련 문제는 임대업자의 책임으로 규정되어 있다. 건물의 기초 구조, 지붕, 외벽, 주요 설비의 유지 보수 및 교체는 일반적으로 임대업자가 담당하며, 임차인은 일상적인 유지 보수, 내부 도장, 소모품 교체, 경미한 수리 등을 담당한다. 따라서, 이러한 사항에 대해 임대업자와 충분히 상담하여 손해를 보지 않도록 주의해야 한다.

가장 좋은 예방책은 '예방적 관리'이다. 정기적인 점검과 유지 보수를 통해 예상치 못한 문제를 최소화할 수 있다. 전문가에 의한 정기적인 검사를 통해 전기, 가스 등 필수적인 요소들을 점검받는 것이 좋다. 시설 수리나 보수는 비용이 만만치 않기 때문에 예방은 비용과 안전 모두를 고려할 수 있는 가장 효과적인 방법이다.

긴급 상황 발생 시에는 신속하게 대응할 수 있는 계획을 마련하는 것이 중요하다. 필요한 연락처를 미리 정리해 두고, 직원들에게도 해당 정보와 절차를 숙지시킨다. 또한, 임대업자와의 긴밀한 소통을 유지하며, 발생할 수 있는 문제에 대한 책임 소재와 대처 방안에 대해 미리 협의하는 것이 중요하다.

이러한 문제는 발생하지 않는 것이 가장 좋지만, 만약 발생했을 때는 빠르게 대처하는 것이 중요하다. 카페 운영에서 시설 관리와 유지 보수는 중요한 부분이며, 임대 계약 시부터 시설 관리 책임 분담을 명확히 하고, 예기치 못한 문제에 대비한 체계적인 대응 계획을 수립하는 것이 필요하다.

직원들에게도 기본적인 시설 관리 및 긴급 상황 대처 방법을 잘 교육해야 한다. 정기적인 교육과 훈련을 통해 팀 전체가 문제 발생 시 적절하고 신속하게 대응할 수 있도록 준비한다. 또한, 신뢰할 수 있는 수리 업체와 좋은 관계를 유지하고 필요시 즉각적인 서비스를 받을 수 있도록 계약을 체결해 두는 것이 바람직하다. 직원들과의 원활한 소통과 임대업자와의 긴밀한 관계 유지도 카페 운영 중 발생할 수 있는 여러 문제를 효과적으로 해결하는 데 큰 도움이 된다. 임대업자와의 좋은 관계는 계약에 명시되지 않은 사항에 대해서도 보장받을 수 있는 기회를 제공할 수 있다.

카페를 운영하며 발생하는 유지 보수 문제는 사업의 성공에 큰 영향을 미칠 수 있다. 문제를 미리 예방하고, 발생했을 때 효과적으로 대응하는 것은 카페 운영자의 중요한 역량 중 하나이다. 이 글이 카페 운영 중 겪을 수 있는 다양한 유지 보수 문제에 대한 이해를 돕고, 실질적인 대처 방안을 제공하는 데 도움이 되기를 바란다.

착한 경영, 로컬 커피 소싱과 공정 무역 실천하기

    로컬 커피 소싱은 지역 커피 농가와 직접 협력하여 커피 원두를 구매하는 것을 의미한다. 이는 단순한 원두 구매를 넘어서 농부와 카페 운영자 간의 긴밀한 관계를 형성하는 과정이다. 로컬 커피 소싱의 장점은 다양하다. 우선, 신선한 원두를 제공받을 수 있어 커피의 맛과 품질을 향상시킬 수 있다. 또한, 지역 경제에 긍정적인 영향을 미치며 농가의 지속 가능한 성장을 도울 수 있다. 지역 커피 농가와의 협력은 상호 이익을 기반으로 한다. 농가는 안정적인 판로를 확보하고, 카페는 고품질의 원두를 꾸준히 공급받을 수 있다.

    콜롬비아의 한 커피 농가와 협력하는 카페는 매년 수확 시기에 맞춰 신선한 원두를 공급받고, 농가는 카페의 피드백을 바탕으로 품질을 지속적으로 개선해 나간다. 공정 무역은 농부들에게 정당한 대가를 지급하고, 노동 조건을 개선하며, 지속 가능한 농업을 지원하는 무역 방식이다. 공정 무역 인증을 받은 커피를 구매함으로써 카페는 윤리적인 소비를 지향하는 고객들에게 신뢰를 줄 수 있다. 이는 단순한 마케팅 도구가 아니라 사회적 책임을 다하는 비즈니스 운영의 일환이다. 공정 무역 커피는 보통 시장 가격보다 높은 가격에 거래된다. 이는 농부들이 생계를 유지하고 농장을 발전시킬 수 있는 자금을 확보하는 데 기여한다. 예를 들어 에티오피아의 한 커피 농장은 공정 무역을 통해 수익을 증대시키고, 이를 바탕으로 농장 시설을 개선하고, 지역 사회에 교육과 의료 서비스를 제공할 수 있게 되었다.

카페, 처음부터 제대로

제주 앤트러사이트, 특별한 커피 경험

제주 앤트러사이트에 다녀온 경험은 마치 시간 여행을 한 듯한 느낌을 주었다. 이곳은 단순한 카페 이상의 공간으로, 과거와 현재가 조화를 이루는 독특한 분위기를 자아낸다. 앤트러사이트는 원래 석탄 공장이었지만, 현대적인 디자인 요소를 더해 새로운 생명을 불어넣었다. 벽돌과 철재 구조물은 공장의 흔적을 그대로 살리면서도 세련된 인테리어로 재해석되었다.

카페에 들어서면 가장 먼저 눈에 들어오는 것은 넓은 공간과 높은 천장이다. 이곳은 공장의 웅장함을 그대로 유지하면서도 현대적인 감각을 더해 독특한 분위기를 자아낸다. 자연광이 가득 들어오는 넓은 창문은 내부를 밝고 환하게 만들어 주며, 곳곳에 배치된 식물들은 공간에 생기를 불어넣는다. 이러한 디자인 요소들은 방문객들에게 편안함과 동시에 시각적인 즐거움을 제공한다. 카페 중앙에 있는 빗물받이조차도 세심하게 디자인되어 있으며, 이러한 디테일은 공간을 더욱 특별하게 만든다.

마침 비가 내리는 날 앤트러사이트를 방문했을 때, 창밖으로 보이는 풍경은 감성의 끝판왕이었다. 빗방울이 떨어지는 소리와 함께 자연이 주는 아름다움은 카페의 분위기를 더욱 풍부하게 만들어 주었다. 실내에서는

카페, 처음부터 제대로

사장님으로 보이는 남자분이 눈빛과 말투에서 느껴지는 친절함과 배려심으로, 필요하면 무엇이든 도와줄 것 같은 느낌을 주었다. 그날 틀어 준 음악 선곡도 그곳 분위기와 완벽하게 어울려, 마치 영화 속 한 장면에 있는 듯한 감동을 선사했다.

커피는 그 자체로도 예술 작품이다. 이곳에서는 스페셜티 커피를 제공하며, 각 원두의 특성을 최대한 살린 브루잉 방법으로 추출한 커피는 깊고 풍부한 맛을 자랑한다. 특히, 싱글 오리진 커피는 각기 다른 원두의 독특한 맛과 향을 경험할 수 있게 해 준다. 바리스타들은 커피에 대한 깊은 지식과 열정을 바탕으로 최상의 커피를 제공하며, 방문객들은 이러한 커피를 맛보는 즐거움을 누릴 수 있다.

최근 카페 트렌드 중 하나인 '경험 제공'은 앤트러사이트에서도 중요하게 다루고 있다. 이곳에서는 단순히 커피를 마시는 것을 넘어서, 다양한 문화 행사와 워크숍을 통해 방문객들에게 특별한 경험을 제공한다. 예를 들어, 커피 테이스팅 이벤트나 바리스타 교육 프로그램을 통해 커피에 대한 깊은 이해와 경험을 제공하며, 이러한 경험은 방문객들에게 큰 감동을 준다.

또한, 앤트러사이트는 지속 가능성과 로컬 커뮤니티를 중요시한다. 로컬 원두를 사용하여 커피를 제공하며, 이를 통해 지역 농가와의 공정 거래를 지향한다. 이러한 노력은 방문객들에게도 긍정적인 이미지를 주며, 지속 가능한 커피 문화를 지지하는 커뮤니티를 형성하는 데 큰 역할을 한다.

2년 전 처음 앤트러사이트에 방문했을 때의 감동이 다시 찾은 이번 방문에서도 여전히 유지되고 있었다. 시간의 흐름에도 변함없는 아름다움과 세심한 관리 덕분에 카페는 여전히 매력적이었다. 제주 앤트러사이트는 그 자체로 하나의 예술 작품이며, 방문객들에게 특별한 경험을 제공하는 공간이다. 과거와 현재가 조화를 이루는 독특한 인테리어, 깊고 풍부한 맛을 자랑하는 스페셜티 커피, 그리고 다양한 문화 행사와 지속 가능한 경영 철학은 이곳을 더욱 특별하게 만든다. 제주를 방문한다면 꼭 한 번 들러 볼 만한 가치가 있는 장소로, 앤트러사이트는 단순한 카페를 넘어, 모든 방문객들에게 잊지 못할 경험을 선사할 것이다.

제주 블루보틀, 세계적인 브랜드의 현지화

인적이 드문 길을 지나 들어서야 만날 수 있는 카페지만, 그럼에도 불구하고 많은 사람들이 웨이팅을 하고 있는 모습을 볼 수 있었다. 블루보틀의 세계적인 인기는 제주에서도 예외가 아니었다. 카페에 들어서면, 다양한 사람들의 발걸음이 끊이지 않는 것을 확인할 수 있었다.

블루보틀은 2002년 미국 캘리포니아주 오클랜드에서 제임스 프리먼(James Freeman)에 의해 설립되었다. 그는 신선한 원두와 정교한 브루잉 방식을 통해 최고의 커피를 제공하고자 하는 열정으로 블루보틀을 시작했다. 블루보틀은 빠르게 성장하며, 샌프란시스코를 중심으로 확장되었고, 이후 뉴욕, 로스앤젤레스, 도쿄, 서울 등 전 세계 주요 도시에 지점을 열었다. 블루보틀은 고품질 원두와 차별화된 브루잉 기술로 유명하며, 이를 통해 커피 애호가들 사이에서 높은 평가를 받고 있다.

제주 블루보틀을 방문했을 때, 그 독특한 분위기와 고유한 브랜드 아이덴티티를 그대로 느낄 수 있었다. 블루보틀의 인테리어는 미니멀리즘을 강조하며, 자연광이 잘 들어오는 넓은 창문과 간결한 디자인이 특징이다. 커피 메뉴는 블루보틀 특유의 엄선된 원두를 사용한 다양한 음료를 제공하며, 신선하고 깔끔한 맛이 일품이다.

카페 내부에서는 바리스타들이 정성스럽게 커피를 추출하는 모습을 볼 수 있었고, 그 과정에서 블루보틀의 철학과 정교함을 직접 체험할 수 있었다. 특히, 드립 커피와 콜드브루는 많은 손님들에게 인기를 끌고 있었고, 그 맛은 기대를 저버리지 않았다.

블루보틀의 명성은 단순히 커피의 품질에서 끝나지 않는다. 이 브랜드는 지속 가능성과 윤리적 소싱에 대한 철저한 기준을 유지하며, 이를 통해 환경 보호와 공정 거래를 실천하고 있다. 이러한 가치관은 많은 소비자들에게 공감을 얻으며, 블루보틀의 충성 고객을 만들어 내는 중요한 요소로 작용하고 있다.

제주 블루보틀을 방문하면서, 그 독특한 위치와 고유한 매력, 그리고 세계적인 인기를 실감할 수 있었다. 블루보틀은 단순한 커피 브랜드를 넘어, 커피 문화와 철학을 전달하는 공간으로서, 많은 사람들에게 특별한 경험을 제공하고 있다. 제주를 방문할 계획이라면, 블루보틀에서의 한 잔의 커피는 꼭 경험해 볼 만한 가치가 있을 것이다.

예산 백설농부, 자연과 함께하는 카페

　예산에 위치한 백설농부는 단순한 카페를 넘어, 최고의 사과 농장에서 최고의 품질 생산 방법을 배워 외할머니가 계시던 집을 개조해 만든 특별한 공간이다. 넓은 부지는 도시생활에서 탈피한 듯한 여유로움을 제공하며, 방문객들에게 자연과의 교감을 선사한다. 카페를 방문했을 때, 작은 텃밭 앞에서 모래놀이 체험을 하는 아이와 부모님을 볼 수 있었는데, 이는 가족들이 함께 즐길 수 있는 공간임을 잘 보여 준다.

　카페의 메뉴 중에서 특히 주목할 만한 것은 직접 키운 사과로 만든 신선한 사과주스다. 이 사과주스는 신선하고 맛있어 방문객들에게 큰 인기를 끌고 있다. 또한, 카페는 계절별로 다양한 꽃들을 키워 손님들이 자연의 아름다움에 반하게 만든다. 이러한 정성은 카페의 심플하면서도 세심함이 묻어나는 분위기를 더욱 돋보이게 한다.

　매체를 통해 그간의 소식과 이벤트를 전달하는 백설농부 카페는 방문객들과 지속적으로 소통하며, 커뮤니티를 형성하고 있다. 카페의 인스타그램 계정에서는 다양한 이벤트와 새로운 메뉴 소식을 공유하여 방문객들의 관심을 끌고 있다. 예를 들어, 계절마다 바뀌는 꽃밭의 모습이나 특별한 이벤트를 소개함으로써 방문객들은 항상 새로운 경험을 할 수 있다.

최근 트렌드인 로컬 식재료 사용과 지속 가능성 또한 백설농부 카페의 중요한 특징이다. 카페에서 제공하는 모든 메뉴는 직접 재배한 신선한 재료를 사용하며, 이를 통해 방문객들은 건강하고 맛있는 음식을 즐길 수 있다. 이러한 노력은 지속 가능한 농업과 식문화에 대한 카페의 철학을 잘 보여 준다.

백설농부 카페는 단순히 커피를 마시고, 디저트를 즐기는 공간을 넘어, 자연과의 교감을 통해 마음의 여유를 찾을 수 있는 특별한 장소다. 넓은 부지와 정성스레 가꾼 텃밭, 신선한 사과주스와 계절별 꽃밭은 방문객들에게 잊지 못할 경험을 선사한다. 예산을 방문한다면, 백설농부 카페는 꼭 한번 들러 봐야 할 가치가 있는 장소로, 이곳에서의 경험은 도심에서 벗어나 자연 속에서의 여유로움을 만끽할 수 있게 해 줄 것이다.

포승 터프이너프, 개성과 멋이 넘치는 공간

포승에 위치한 터프이너프(Tough Enough)는 약 12년의 역사를 가진 로스터리와 베이커리 카페로, 외관과는 달리 내부에 들어서면 깜짝 놀랄 만큼 감성적인 분위기를 자아낸다. 최근 다녀온 소감으로는 근래 방문한 카페 중 가장 인상 깊은 곳 중 하나였다. 터프이너프의 커피는 화사하고 복합적인 맛을 자랑하며, 베이커리 역시 독특한 세팅과 뛰어난 맛을 자랑한다. 이곳에서는 손님이 음료나 음식을 주문대에서 받아 가는 것이 아니라, 테이블에 깃발을 꽂아 놓으면 직원이 직접 갖다주는 독특한 방식으로 운영된다.

터프이너프의 인테리어는 감성을 자극하는 요소들로 가득하다. 넓은 창문을 통해 들어오는 자연광은 내부를 밝고 환하게 만들고, 세심하게 배치된 식물들과 소품들은 공간에 생기를 불어넣는다. 이러한 인테리어 요소들은 방문객들에게 편안함과 동시에 시각적인 즐거움을 제공한다. 특히, 바깥에서 보는 것과는 완전히 다른 내부 공간은 마치 새로운 세계에 들어온 듯한 느낌을 준다.

커피의 경우, 터프이너프는 스페셜티 커피를 제공하며, 각 원두의 특성을 최대한 살린 브루잉 방법으로 추출하여 깊고 풍부한 맛을 자랑한다. 바리스타들은 커피에 대한 깊은 지식과 열정을 바탕으로 최상의 커피를 제공하며, 방문객들은 이러한 커피를 맛보는 즐거움을 누릴 수 있다. 베이커리 역시 모든 제품을 직접 만들어 제공하며, 세팅이 독특해 눈과 입을 모두 만족시킨다.

터프이너프의 또 다른 매력은 최근 다른 지역에 오픈한 3층 건물의 새로운 매장이다. 이곳 역시 방문해 본 결과, 기존의 철학과 감성을 그대로 유지하면서도 새로운 공간에서의 특별한 경험을 제공하고 있다. 사장이 원하는 철학이 고스란히 전해지며, 방문객들은 이를 통해 카페의 깊은 가치를 느낄 수 있다.

터프이너프는 단순한 카페를 넘어, 방문객들에게 잊지 못할 경험을 선사하는 공간이다. 감성을 자극하는 인테리어, 화사하고 복합적인 맛을 자랑하는 커피, 독특한 세팅의 베이커리, 그리고 새로운 공간에서의 특별한 경험이 모두 함께 어우러져 있다. 포승을 방문한다면 꼭 한번 들러 볼 만한 가치가 있는 장소로, 터프이너프는 모든 방문객에게 깊은 인상을 남길 것이다.

마무리

　이 책을 통해 단순히 카페 운영에 필요한 지식을 넘어서, 현실의 복잡함 속에서 진정한 성공을 찾기 위한 과정을 담고자 하였다. 코로나19 팬데믹 이라는 전례 없는 상황 속에서 카페를 열고 겪은 다양한 시행착오와 도전들은 나에게 값진 교훈을 안겨 주었으며, 이 경험들을 독자들과 나누고자 한 것이다. 카페 오픈 전 필수적인 준비 단계부터 시작해, 프랜차이즈와 개인 카페의 장단점 분석, 적합한 위치 찾기, 효과적인 마케팅 전략, 인테리어 디자인까지 실질적으로 도움이 될 만한 내용들을 최대한 담고자 노력하였다.

　그래서 독자들이 카페 운영에 실제적인 문제들을 생생하게 느끼고, 예비 카페 창업자들이 실수를 줄이고 성공적인 카페를 운영하는 데 실질적인 가이드를 제공하고자 하였다. 특히, 다양한 고객 응대 방식, 직원 교육의 중요성, SNS 마케팅을 통한 고객 소통, 이벤트와 프로모션의 효과 등 실제 경영 과정에서 얻은 생생한 교훈들을 공유하고자 하였다. 여기에 카페 이름의 중요성과 지역 사회와의 상생 방법까지 담아 보았다.

　그리고 카페 운영의 매력 또한 공유하고자 하였다. 단순한 카페 운영의 지침을 넘어, 카페를 통해 얻은 아름다운 추억과 성취감을 나누며, 카페

마무리

경영이 단순한 비즈니스가 아니라 하나의 문화 창출임을 강조하고자 하였다. 카페는 도전과 성취, 그리고 무한한 가능성의 연속이며, 앞으로도 계속해서 성장하고 발전하는 카페 문화를 함께 만들어 나가기를 바라기 때문이다. 이 과정이 여러분에게도 영감을 주고, 꿈을 현실로 만드는 데 도움이 되었으면 정말 좋겠다.

카페, 처음부터 제대로